本书获国家自然科学基金项目"拓扑序列空间上加权后移算子的动力学行为以及解析函数空间上共轭乘法算子的动力学行为"（项目编号：12261063）资助

实变函数论

SHIBIAN HANSHU LUN / 荣　祯◎主编

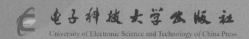

电子科技大学出版社
University of Electronic Science and Technology of China Press

·成都·

图书在版编目（CIP）数据

实变函数论 / 荣祯主编. —成都：电子科技大学
出版社，2023.8

ISBN 978-7-5770-0424-2

Ⅰ.①实… Ⅱ.①荣… Ⅲ.①实变函数论—高等学校
—教材 Ⅳ.① O174.1

中国国家版本馆 CIP 数据核字（2023）第 139413 号

实变函数论
荣　祯　主编

策划编辑　陈松明　罗国良
责任编辑　罗国良
助理编辑　苏博麟

出版发行　电子科技大学出版社
　　　　　成都市一环路东一段 159 号电子信息产业大厦九楼　邮编　610051
主　　页　www.uestcp.com.cn
服务电话　028-83203399
邮购电话　028-83201495

印　　刷　武汉佳艺彩印包装有限公司
成品尺寸　170mm×240mm
印　　张　13.25
字　　数　222 千字
版　　次　2023 年 8 月第 1 版
印　　次　2023 年 8 月第 1 次印刷
书　　号　ISBN 978-7-5770-0424-2
定　　价　75.00 元

前　言

实变函数论的中心内容是 Lebesgue 测度与积分理论. 在数学分析课程中, 我们已经熟悉 Riemann 积分. Riemann 积分在处理连续函数和几何、物理中的计算问题时是很成功和有效的, 但 Riemann 积分也有一些理论上的缺陷, 主要表现在对被积函数的连续性要求过高, Riemann 积分与极限两种运算交换顺序不便, Riemann 可积函数空间不是完备的, 等等. 随着数学理论的不断发展和深入, 这些缺陷显得愈发严重, 阻碍了分析学的进一步发展, 因此有必要加以改进, 或者用一种新的积分代替之. 从 19 世纪后期开始, 不少数学家, 包括 Jordan、Borel 等为此做出了努力, 取得了部分成功. 20 世纪初, 法国数学家 Lebesgue 成功地建立了测度理论, 并且在测度论的基础上, 建立了一种新的积分, 称为 Lebesgue 积分. Lebesgue 积分是 Riemann 积分的推广与发展. 与 Riemann 积分比较, Lebesgue 积分在理论上更完善、更深刻, 在计算上更灵活, 从根本上克服了上面提到的 Riemann 积分的一些缺陷. Lebesgue 积分的创立, 为近代分析奠定了基石, 对 20 世纪数学的发展产生了极大的影响. 许多数学分支, 如泛函分析、概率论、调和分析等，都是在 Lebesgue 测度与积分理论的基础上产生或发展起来的．如今，Lebesgue 测度与积分理论已经成为现代分析必不可少的理论基础．

"实变函数论"这门课程一直是学生比较难学的课程之一．为了减轻学生在学习过程中遇到的困难，本书在编写上做了一些努力．在本书的引言部分，对 Riemann 积分理论的局限性和建立新积分理论的必要性、Lebesgue 积分的主要思想，以及"实变函数论"这门课程的主要内容做了简要介绍，这对学习本书是有益的．本书在内容选取上，侧重实变函数论的基础和核心；在文字叙述上，力求严谨简明、清晰易读．对重要的概念和定理做了较多的背景和思路的说明，对很多核心定理的证明既注重直观又注重严谨．

本书配备了一定量的习题，这些习题大部分是比较基础的，学生应该努力完成这部分习题．本书对大部分习题给出了提示或解答要点，供学生参考．

本书中的插图是由内蒙古财经大学 2021 级数学与应用数学班级周大伟、张汀萱、李星月、王景瑛、杨小东、吴彦茹、朱盈盈、哈斯、舒才彤、杜磊 10 位同学共同绘制的，特此鸣谢．此外，在本书编写过程中，编者得到了国家自然科学基金（项目批准号：12261063）的资助，特此鸣谢．书中不足之处，请广大读者不吝指正．

荣　祯

2023 年 3 月

符号说明

在本书中，使用了以下约定：

· $\mathbb{C}$ 代表复数集合；

· $\mathbb{R}$ 代表实数集合；

· $\mathbb{Q}$ 代表有理数集合；

· $\mathbb{Z}$ 代表整数集合；

· $\mathbb{N}$ 代表非负整数的全体；

· $\mathbb{N}^*$ 代表正整数的全体；

· 设 $x_1, \cdots, x_n$ 是 n 个实数，我们记 $\sum_{i=1}^{n} x_i = x_1 + \cdots + x_n$；

· 设 $x_1, \cdots, x_n$ 是 n 个实数，我们记 $\prod_{i=1}^{n} x_i = x_1 \times \cdots \times x_n$；

· 设 $x \in \mathbb{R}$，我们记 $[x]$ 为不超过 x 的最大整数．

目　录

引　言

在开始学习实变函数论的内容之前，我们先要对 Riemann 积分理论的局限性和建立 Lebesgue 积分理论的必要性有所认识，大致了解一下 Lebesgue 积分的主要思想．这对学习这门课程是有益的．

1.Riemann 积分理论的局限性

在数学分析课程中，我们已经熟悉 Riemann 积分．Riemann 积分在处理连续函数和几何、物理中的计算问题时是很成功和有效的．但 Riemann 积分也有一些理论上的缺陷．下面就几个主要方面做简要分析．

（1）Riemann 可积函数对连续性的要求

设 f 是定义在区间 $[a, b]$ 上的有界实值函数．又设

$$a = x_0 < x_1 < \cdots < x_n = b$$

是区间 $[a, b]$ 的一个分割．对每个 $i = 1, 2, 3, \cdots, n$，令

$$m_i = \inf \left\{ f(x) : x \in [x_{i-1}, x_i] \right\},$$
$$M_i = \sup \left\{ f(x) : x \in [x_{i-1}, x_i] \right\}.$$

并且令 $\Delta x_i = x_i - x_{i-1}$, $\lambda = \max\limits_{1 \le i \le n} \Delta x_i$. 则 f 在 $[a, b]$ 上 Riemann 可积的充要条件是

$$\lim_{\lambda \to 0} \sum_{i=1}^{n} (M_i - m_i) \Delta x_i = 0 \qquad (1)$$

由于在包含 f 的间断点的区间 $[x_{i-1}, x_i]$ 上，当 $\lambda \to 0$ 时函数的振幅 $M_i - m_i$ 不趋于零，为使得式（1）成立，包含间断点的那些小区间 $[x_{i-1}, x_i]$ 的总长必须可以任意小. 因此为保证 f 在 $[a, b]$ 上 Riemann 可积，f 必须有较好的连续性. 简单地说，就是 f 在 $[a, b]$ 上的间断点不能太多. 这样就使得很多连续性不好的函数不 Riemann 可积了. 单从这一点看，这已经是 Riemann 积分的不够完美之处. 而且由于 Riemann 积分的可积函数类过于狭小，这导致了下面要说的 Riemann 积分的缺陷.

（2）Riemann 积分与极限运算顺序的交换

在数学分析中，经常会遇到 Riemann 积分运算与极限运算交换顺序的问题. 设 $\{f_n\}$ 是 $[a, b]$ 上的 Riemann 可积函数列，并且 $\lim\limits_{n \to \infty} f_n(x) = f(x)$ $(x \in [a, b])$. 一般情况下，f 未必在 $[a, b]$ 上 Riemann 可积. 即使 f 在 $[a, b]$ 上 Riemann 可积，下面的等式也未必成立：

$$\lim_{n \to \infty} \int_a^b f_n(x) \, dx = \int_a^b f(x) \, dx \qquad (2)$$

为使 f 在 $[a, b]$ 上 Riemann 可积并且式（2）成立，一个充分条件是每个 f_n 在 $[a, b]$ 上连续，并且 $\{f_n\}$ 在 $[a, b]$ 上一致收敛于 f（这不是必要条件，例如考虑区间 $[0, 1]$ 上的函数列 $f_n(x) = x^n$ $(n = 1, 2, \cdots)$）. 这个条件太强并且不易验证.

（3）Riemann 可积函数空间的完备性

我们知道实数集合 $\mathbb{R}$ 有一个很重要的性质，就是每个 Cauchy 实数列都是收敛的，这个性质称为实数集合的完备性. 这个性质在数学分析中具

有基本的重要性. 空间的完备性也可以引入更一般的伪距离空间中. 设 $R[a,b]$ 是区间 $[a,b]$ 上 Riemann 可积函数的全体. 在 $R[a,b]$ 上定义伪距离

$$d(f,g) = \int_a^b |f(x) - g(x)| \, \mathrm{d}x \, (f,g \in R[a,b]) \, .$$

容易知道由上式定义的伪距离具有以下性质：

① $0 \leqslant d(f,g) < +\infty \, (f,g \in R[a,b])$，并且若 $f = g$，则 $d(f,g) = 0$.

② $d(f,g) = d(g,f) \, (f,g \in R[a,b])$.

③ $d(f,g) \leqslant d(f,h) + d(h,g) \, (f,g,h \in R[a,b])$.

称 $(R[a,b], d)$ 为一个伪距离空间. 与在 $\mathbb{R}$ 上一样，在伪距离空间上可以讨论一些与伪距离有关的内容，如极限理论. 设 $\{f_n\}$ 是 $R[a,b]$ 中的序列，$f \in R[a,b]$. 若 $\lim\limits_{n\to\infty} d(f_n,f) = 0$，则称 $\{f_n\}$ 按伪距离收敛于 f. $R[a,b]$ 中序列 $\{f_n\}$ 称为 Cauchy 序列，若对任意 $\varepsilon > 0$，存在正整数 N，使得当 $m,n > N$ 时，$d(f_m,f_n) < \varepsilon$. 有例子表明，在 $R[a,b]$ 中并非每个 Cauchy 序列都是收敛的，即 $(R[a,b], d)$ 不是完备的. 因此 $(R[a,b], d)$ 不是作为研究分析理论的理想空间.

以上几点表明，Riemann 积分理论存在一些不足之处. 随着数学理论的不断发展和深入，这些不足之处甚至成了缺陷. 因此有必要加以改进，或用一种新的积分代替之. 许多数学家为此做出了努力. 20 世纪初，法国数学家 Lebesgue 成功地建立了测度理论，并且在此基础上，建立了一种新的积分，称为 Lebesgue 积分. Lebesgue 积分消除了上述提到的 Riemann 积分的那些缺陷. Lebesgue 积分的创立，对 20 世纪数学的发展产生了极大的影响. 许多数学分支如泛函分析、概率论、调和分析等都是在 Lebesgue 积分理论的基础上产生或发展起来的. Lebesgue 测度与积分理论已经成为现代分析学必不可少的理论基础.

2.Lebesgue 积分思想的大体描述

设 f 是定义在区间 $[a, b]$ 上的有界实值函数. 为简单计，这里只考虑 $f(x) \geq 0$ 的情形. 注意到此时 Riemann 积分 $\int_a^b f(x)\, dx$ 的几何意义就是曲线 $y = f(x)$ 的下方图形

$$G(f) = \{(x, y) : a \leq x \leq b, 0 \leq y \leq f(x)\}$$

的面积. 除了可以用 Riemann 积分计算 $G(f)$ 的面积外，我们还可以用下面的方式计算 $G(f)$ 的面积. 设 m 和 M 分别是 f 在 $[a, b]$ 上的下确界和上确界. 对 f 的值域区间 $[m, M]$ 的任意一个分割

$$m = y_0 < y_1 < \cdots < y_n = M$$

和每个 $i = 1, 2, \cdots, n$ ，令

$$E_i = \{x \in [a, b] : y_{i-1} \leq f(x) < y_i\}\,.$$

则每个 E_i 是区间 $[a, b]$ 的子集，用 $|E_i|$ 表示 E_i 的"长度"（注意这里我们并没有给出 $|E_i|$ 的确切涵义）. 作和式

$$\sum_{i=1}^n y_{i-1} |E_i|\,.$$

这个和式相当于 $G(f)$ 面积的一个近似值. 令

$$\lambda = \max\{y_i - y_{i-1} : 1 \leq i \leq n\}\,.$$

定义 f 在区间 $[a, b]$ 上的 Lebesgue 积分为

$$(L)\int_a^b f(x)\, dx = \lim_{\lambda \to 0} \sum_{i=1}^n y_{i-1} |E_i| \qquad (3)$$

当然这里要求上述极限存在. 这样定义的积分 $(L)\int_a^b f(x)\, dx$ 同样是曲线 $y = f(x)$ 的下方图形 $G(f)$ 的面积. 这样定义积分的好处在于，不管 f 的连续性如何，在每个 E_i 上 f 的振幅都小于或等于 λ ，这使得很多连续性不好的函数（例如 Dirichlet 函数）也可积了.

Lebesgue 打了一个很形象的比喻，说明两种不同的积分之间的区别．假如我现在要数一笔钱，我可以有两种不同的方法．第一种方法是一张一张地将各种面值不同的钞票的币值加起来，得到钱的总数．第二种方法是先数出每种面值的钞票各有多少张，用每种钞票的面值乘该种钞票的张数，再求和就得到钱的总数．Riemann 积分的定义方式相当于第一种数钱的方法，而 Lebesgue 积分的定义方式相当于第二种数钱的方法．

但是，按照 Lebesgue 的方式定义积分有一个很大的困难，就是要给出 $|E_i|$ 的确切意义．$|E_i|$ 应该是一种类似区间长度的东西，但是一般情况下 E_i 不是区间，而是直线上一些分散而杂乱无章的点构成的集合．因此必须对直线上比区间更一般的集合，给出一种类似于区间长度的度量．为此 Lebesgue 建立了测度理论．测度理论对直线上相当广泛的一类集合，给出一种类似于区间长度的度量．这样，在式（3）中 $|E_i|$ 就可以用 E_i 的测度代替，从而在测度理论的基础上建立了 Lebesgue 积分理论．

事实表明，Lebesgue 积分远比 Riemann 积分更深刻、更强有力．Lebesgue 测度理论以及在此基础上建立的 Lebesgue 积分理论，极大地促进了分析数学的发展，成为现代分析学的基石．

3. 实变函数论的主要内容

实变函数论的主要内容是 Lebesgue 测度与积分理论．如前所述，为定义 Lebesgue 积分，必须先建立测度理论．由于测度理论要经常地遇到集合的运算和欧氏空间上的各种点集，因此第 1 章介绍集合论和欧氏空间上点集的知识．第 2 章介绍测度理论．由于测度理论只能对直线上一部分集合即所谓"可测集"给出测度．因此要定义 f 的 Lebesgue 积分，f 必须满足如下的条件：如上面提到的形如

$$E_i = \left\{ x \in [a,b] : y_{i-1} \leqslant f(x) < y_i \right\}$$

的集合都是可测集.满足这样条件的函数称为可测函数.只有对可测函数才能定义新的积分.第 3 章讨论了可测函数的性质.第 4 章定义了 Lebesgue 积分,并讨论了 Lebesgue 积分的性质及其应用.总之,实变函数论就是围绕建立 Lebesgue 积分理论而展开的.

第 1 章　集合与 $\mathbb{R}^n$ 中的点集

集合论是德国数学家 Cantor 于 19 世纪后期所创立的，已经成为一门独立的数学分支．集合论是现代数学的基础，其概念与方法已经广泛地渗透到现代数学的各个分支．在实变函数论中经常出现各种各样的集合与集合的运算．本章介绍了集合论的一些基本知识，包括集合与集合的运算，映射与可列集，$\mathbb{R}^n$ 中的点集．

1.1　集合与集合的运算

1.1.1　集合的基本概念

以某种方式给定的一些事物的全体称为一个集合．集合中的成员称为这个集合的元素．

一般用大写字母如 A,B,C 等表示集合，用小写字母如 a,b,c 等表示集合中的元素．若 a 是集合 A 中的元素，则用记号 $a \in A$ 表示．若 a 不是集合 A 中的元素，则用记号 $a \notin A$ 表示．

不含任何元素的集合称为空集，用符号 $\varnothing$ 表示.

设 A 和 B 是两个集合，如果 A 和 B 具有完全相同的元素，则称 A 与 B 相等，记为 $A = B$. 如果 A 的元素都是 B 的元素，则称 A 为 B 的子集，记为 $A \subseteq B$ ，或者 $B \supseteq A$. 若 $A \subseteq B$ 并且 $A \neq B$ ，则称 A 为 B 的真子集. 按照这个定义，空集 $\varnothing$ 是任何集合的子集. 由定义知道 $A = B$ 当且仅当 $A \subseteq B$ 并且 $B \subseteq A$.

设 X 是一个给定的集合，由 X 的所有子集构成的集合称为 X 的幂集，记为 $\mathcal{P}(X)$.

例如，设 $X = \{a, b\}$ 是由 2 个元素构成的集合，则

$$\mathcal{P}(X) = \big\{ \varnothing, \{a\}, \{b\}, X \big\} .$$

一般地，若 X 是由 n 个元素构成的集合，则 X 有 2^n 个不同的子集.

1.1.2 集合的运算

通常，我们所讨论的集合都是某一固定集合 X 的子集，X 称为全集.

设 A 和 B 都是全集 X 的子集. 由 A 和 B 的所有元素构成的集合称为 A 与 B 的并集，记为 $A \cup B$ ，即

$$A \cup B = \{ x \in X : x \in A \text{ 或者 } x \in B \} .$$

由同时属于 A 和 B 的元素构成的集合称为 A 与 B 的交集，记为 $A \cap B$ ，即

$$A \cap B = \{ x \in X : x \in A \text{ 并且 } x \in B \} .$$

如图 1-1 和图 1-2 所示. 若 $A \cap B = \varnothing$ ，则称 A 与 B 不相交. 此时称 $A \cup B$ 为 A 与 B 的不相交并集.

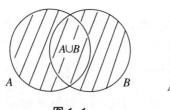

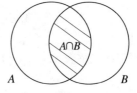

图 1-1　　　　　　　　　　图 1-2

设 I 是一非空集合（I 可以是有限集或无限集）. 若对每个 $\alpha \in I$ 都对应全集 X 的一个子集 A_α，则称 $\{A_\alpha\}_{\alpha \in I}$ 为集族，称 I 是指标集. 特别地，若指标集是正整数集合 $\mathbb{N}^*$，则称 $\{A_n\}_{n \in \mathbb{N}^*}$ 为集列，$\{A_n\}_{n \in \mathbb{N}^*}$ 一般简写为 $\{A_n\}$.

设 $\{A_\alpha\}_{\alpha \in I}$ 是一个集族. 这一族集合的并集和交集分别定义为

$$\bigcup_{\alpha \in I} A_\alpha = \{x \in X : \text{存在 } \alpha \in I \text{ 使得 } x \in A_\alpha\},$$

$$\bigcap_{\alpha \in I} A_\alpha = \{x \in X : \text{对任意的 } \alpha \in I \text{ 都有 } x \in A_\alpha\}.$$

特别地，若 $\{A_n\}$ 是一个集列，则 $\bigcup_{n \in \mathbb{N}^*} A_n$ 和 $\bigcap_{n \in \mathbb{N}^*} A_n$ 可以分别记成 $\bigcup_{n=1}^{\infty} A_n$ 和 $\bigcap_{n=1}^{\infty} A_n$，分别称为 $\{A_n\}$ 的可列并和可列交.

设 $A_1, \cdots, A_n$ 是 n 个集合. 由有序 n 元组的全体所成的集合

$$\{(x_1, \cdots, x_n) : x_1 \in A_1, \cdots, x_n \in A_n\}$$

称为 $A_1, \cdots, A_n$ 的直积，记为 $A_1 \times \cdots \times A_n$.

接下来，我们来计算一些集列的并集或者交集.

例 1　设 $A_n = (0, 1 - \dfrac{1}{2n}](n \geqslant 1)$，则 $\bigcup_{n=1}^{\infty} A_n = (0, 1)$.

证明　$\bigcup_{n=1}^{\infty} (0, 1 - \dfrac{1}{2n}] \subseteq (0, 1)$ 是显然的. 我们只需证明

$$(0, 1) \subseteq \bigcup_{n=1}^{\infty} (0, 1 - \frac{1}{2n}].$$

设 $0 < x < 1$. 下面我们证明 $x \in \bigcup_{n=1}^{\infty}(0, 1 - \frac{1}{2n}]$. 要证明 $x \in \bigcup_{n=1}^{\infty}(0, 1 - \frac{1}{2n}]$ ，我们只需证明存在正整数 n 使得 $x \in (0, 1 - \frac{1}{2n}]$. 由于 $\lim_{n \to \infty} \frac{1}{2n} = 0$ 以及 $1 - x > 0$ ，从而存在正整数 N 使得当 $n > N$ 时有 $\frac{1}{2n} \leqslant 1 - x$. 特殊地取 $n = N + 1$ ，从而 $\frac{1}{2n} \leqslant 1 - x$ ，这表明 $x \in (0, 1 - \frac{1}{2n}]$. ∎

例 2 设 $A_n = (0, 1 + \frac{1}{n}](n \geqslant 1)$ ，则 $\bigcap_{n=1}^{\infty} A_n = (0, 1]$.

证明 $(0, 1] \subseteq \bigcap_{n=1}^{\infty}(0, 1 + \frac{1}{n}]$ 是显然的. 我们只需证明

$$\bigcap_{n=1}^{\infty}(0, 1 + \frac{1}{n}] \subseteq (0, 1] .$$

设 $x \in \bigcap_{n=1}^{\infty}(0, 1 + \frac{1}{n}]$. 下面我们证明 $0 < x \leqslant 1$. 由于 $x \in \bigcap_{n=1}^{\infty}(0, 1 + \frac{1}{n}]$ ，从而对任意的正整数 n 都有 $0 < x \leqslant 1 + \frac{1}{n}$ ，于是 $0 < x \leqslant \lim_{n \to \infty}(1 + \frac{1}{n})$ ，这表明 $0 < x \leqslant 1$. ∎

读者熟知，实数集合 $\mathbb{R}$ 中的区间共有以下九类：

$$(a, b), (a, b], [a, b), [a, b]$$

$$(a, +\infty), [a, +\infty), (-\infty, a), (-\infty, a], (-\infty, +\infty)$$

(a, b) 称为有界开区间，$(a, +\infty), (-\infty, a), (-\infty, +\infty)$ 称为无界开区间，$[a, b]$ 称为有界闭区间，$[a, +\infty), (-\infty, a]$ 称为无界闭区间. 下面的例子表明实数集合 $\mathbb{R}$ 中的任意区间都可以表示为一列开区间的交集.

例 3 设 a, b 是任意两个实数且 $a < b$ ，则

（1）$(a, b] = \bigcap_{n=1}^{\infty}(a, b + \frac{1}{n})$.

（2）$[a, b) = \bigcap_{n=1}^{\infty}(a - \frac{1}{n}, b)$.

（3）$[a,b]=\bigcap\limits_{n=1}^{\infty}(a-\dfrac{1}{n},b+\dfrac{1}{n})$.

（4）$[a,+\infty)=\bigcap\limits_{n=1}^{\infty}(a-\dfrac{1}{n},+\infty)$.

（5）$(-\infty,a]=\bigcap\limits_{n=1}^{\infty}(-\infty,a+\dfrac{1}{n})$.

例 4 设 n 是一个正整数，$\mathbb{R}^n=\underbrace{\mathbb{R}\times\cdots\times\mathbb{R}}_{n}$ 为 n 维欧几里得空间，E 为 $\mathbb{R}^n$ 的非空子集，$f:E\to\mathbb{R}$ 为定义在 E 上的实值函数，$a\in\mathbb{R}$，则

（1）$\{x\in E:f(x)\geqslant a\}=\bigcap\limits_{k=1}^{\infty}\left\{x\in E:f(x)>a-\dfrac{1}{k}\right\}$.

（2）$\{x\in E:f(x)\leqslant a\}=\bigcap\limits_{k=1}^{\infty}\left\{x\in E:f(x)<a+\dfrac{1}{k}\right\}$.

（3）$\{x\in E:f(x)>a\}=\bigcup\limits_{k=1}^{\infty}\left\{x\in E:f(x)>a+\dfrac{1}{k}\right\}$.

（4）$\{x\in E:f(x)<a\}=\bigcup\limits_{k=1}^{\infty}\left\{x\in E:f(x)<a-\dfrac{1}{k}\right\}$.

证明 （1）$\{x\in E:f(x)\geqslant a\}\subseteq\bigcap\limits_{k=1}^{\infty}\left\{x\in E:f(x)>a-\dfrac{1}{k}\right\}$ 是显然的．我们只需证明

$$\bigcap\limits_{k=1}^{\infty}\left\{x\in E:f(x)>a-\dfrac{1}{k}\right\}\subseteq\{x\in E:f(x)\geqslant a\} .$$

设 $z\in\bigcap\limits_{k=1}^{\infty}\left\{x\in E:f(x)>a-\dfrac{1}{k}\right\}$．下面我们证明 $f(z)\geqslant a$．由于

$$z\in\bigcap\limits_{k=1}^{\infty}\left\{x\in E:f(x)>a-\dfrac{1}{k}\right\},$$

从而对任意的正整数 k 都有 $f(z)>a-\dfrac{1}{k}$，于是 $f(z)\geqslant\lim\limits_{k\to\infty}(a-\dfrac{1}{k})$，这表明 $f(z)\geqslant a$.

（2）$\{x \in E : f(x) \leqslant a\} \subseteq \bigcap\limits_{k=1}^{\infty}\left\{x \in E : f(x) < a + \dfrac{1}{k}\right\}$ 是显然的．我们只需证明

$$\bigcap_{k=1}^{\infty}\left\{x \in E : f(x) < a + \dfrac{1}{k}\right\} \subseteq \{x \in E : f(x) \leqslant a\}.$$

设 $z \in \bigcap\limits_{k=1}^{\infty}\left\{x \in E : f(x) < a + \dfrac{1}{k}\right\}$．下面我们证明 $f(z) \leqslant a$．由于

$$z \in \bigcap_{k=1}^{\infty}\left\{x \in E : f(x) < a + \dfrac{1}{k}\right\},$$

从而对任意的正整数 k 都有 $f(z) < a + \dfrac{1}{k}$，于是 $f(z) \leqslant \lim\limits_{k \to \infty}\left(a + \dfrac{1}{k}\right)$，这表明 $f(z) \leqslant a$．

（3）$\bigcup\limits_{k=1}^{\infty}\left\{x \in E : f(x) > a + \dfrac{1}{k}\right\} \subseteq \{x \in E : f(x) > a\}$ 是显然的．我们只需证明

$$\{x \in E : f(x) > a\} \subseteq \bigcup_{k=1}^{\infty}\left\{x \in E : f(x) > a + \dfrac{1}{k}\right\}.$$

设 $z \in \{x \in E : f(x) > a\}$．下面我们证明

$$z \in \bigcup_{k=1}^{\infty}\left\{x \in E : f(x) > a + \dfrac{1}{k}\right\}.$$

要证明 $z \in \bigcup\limits_{k=1}^{\infty}\left\{x \in E : f(x) > a + \dfrac{1}{k}\right\}$，我们只需证明存在正整数 k 使得 $f(z) > a + \dfrac{1}{k}$．由于 $z \in \{x \in E : f(x) > a\}$，从而 $f(z) - a > 0$．由于 $\lim\limits_{k \to \infty}\dfrac{1}{k} = 0$，从而存在正整数 N 使得当 $k > N$ 时有 $\dfrac{1}{k} < f(z) - a$．特殊地取 $k = N + 1$，于是 $f(z) > a + \dfrac{1}{k}$．

（4）$\bigcup\limits_{k=1}^{\infty}\left\{x \in E : f(x) < a - \dfrac{1}{k}\right\} \subseteq \{x \in E : f(x) < a\}$ 是显然的．我们只需证明

$$\{x \in E : f(x) < a\} \subseteq \bigcup_{k=1}^{\infty} \left\{x \in E : f(x) < a - \frac{1}{k}\right\}.$$

设 $z \in \{x \in E : f(x) < a\}$．下面我们证明

$$z \in \bigcup_{k=1}^{\infty} \left\{x \in E : f(x) < a - \frac{1}{k}\right\}.$$

要证明 $z \in \bigcup_{k=1}^{\infty} \left\{x \in E : f(x) < a - \frac{1}{k}\right\}$，我们只需证明存在正整数 k 使得

$f(z) < a - \dfrac{1}{k}$．由于 $z \in \{x \in E : f(x) < a\}$，从而 $a - f(z) > 0$．由于 $\lim\limits_{k \to \infty} \dfrac{1}{k} = 0$，

从而存在正整数 N 使得当 $k > N$ 时有 $\dfrac{1}{k} < a - f(z)$．特殊地取 $k = N + 1$，于

是 $f(z) < a - \dfrac{1}{k}$．∎

容易证明并集与交集运算具有如下性质：

（1）交换律：$A \cup B = B \cup A, A \cap B = B \cap A$．

（2）结合律：$(A \cup B) \cup C = A \cup (B \cup C), (A \cap B) \cap C = A \cap (B \cap C)$．

（3）分配律：$A \cap (\bigcup\limits_{\alpha \in I} B_\alpha) = \bigcup\limits_{\alpha \in I} (A \cap B_\alpha), A \cup (\bigcap\limits_{\alpha \in I} B_\alpha) = \bigcap\limits_{\alpha \in I} (A \cup B_\alpha)$．

对于（3）的证明，我们先证明 $A \cap (\bigcup\limits_{\alpha \in I} B_\alpha) = \bigcup\limits_{\alpha \in I} (A \cap B_\alpha)$．

注意到

$$x \in A \cap (\bigcup_{\alpha \in I} B_\alpha) \Leftrightarrow x \in A \text{ 并且 } x \in \bigcup_{\alpha \in I} B_\alpha$$

$$\Leftrightarrow x \in A \text{ 并且存在 } \alpha \in I \text{ 使得 } x \in B_\alpha$$

$$\Leftrightarrow \text{ 存在 } \alpha \in I \text{ 使得 } x \in A \cap B_\alpha$$

$$\Leftrightarrow x \in \bigcup_{\alpha \in I} (A \cap B_\alpha).$$

这表明 $A \cap (\bigcup\limits_{\alpha \in I} B_\alpha) = \bigcup\limits_{\alpha \in I} (A \cap B_\alpha)$．

我们再证明 $A \cup (\bigcap\limits_{\alpha \in I} B_\alpha) = \bigcap\limits_{\alpha \in I} (A \cup B_\alpha)$．

注意到

$$x \in A \cup (\bigcap_{\alpha \in I} B_\alpha) \Leftrightarrow x \in A \text{ 或者 } x \in \bigcap_{\alpha \in I} B_\alpha$$

$$\Leftrightarrow x \in A \text{ 或者对任意的 } \alpha \in I \text{ 都有 } x \in B_\alpha$$

$$\Leftrightarrow \text{对任意的 } \alpha \in I \text{ 都有 } x \in A \cup B_\alpha$$

$$\Leftrightarrow x \in \bigcap_{\alpha \in I} (A \cup B_\alpha).$$

这表明 $A \cup (\bigcap_{\alpha \in I} B_\alpha) = \bigcap_{\alpha \in I} (A \cup B_\alpha)$. ∎

设 A 和 B 都是全集 X 的子集. 由 A 中的那些不属于 B 的元素构成的集合称为 A 与 B 的差集, 记为 $A \setminus B$. 即

$$A \setminus B = \{x \in X : x \in A \text{ 并且 } x \notin B\}.$$

如图 1-3 和图 1-4 所示. 此外, 称集合 $(A \setminus B) \cup (B \setminus A)$ 为 A 与 B 的对称差集, 记为 $A \Delta B$. 对称差集 $A \Delta B$ 的大小反映了 A 与 B 差别的大小.

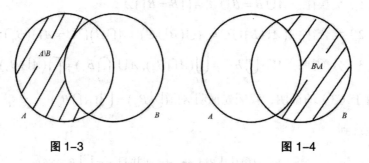

图 1-3   图 1-4

设 A 是全集 X 的子集. 称 X 与 A 的差集 $X \setminus A$ 为 A 的补集, 记为 A^c. 如图 1-5 所示.

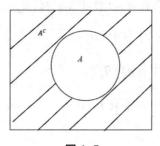

图 1-5

差集运算和补集运算具有如下性质：

（1）$A \setminus B = A \bigcap B^C$．

（2）$(A^C)^C = A$．

（3）$A \bigcup A^C = X, A \bigcap A^C = \varnothing$．

（4）$X^C = \varnothing, \varnothing^C = X$．

（5）（De Morgan 公式）$(\bigcup_{\alpha \in I} A_\alpha)^C = \bigcap_{\alpha \in I} A_\alpha{}^C, (\bigcap_{\alpha \in I} A_\alpha)^C = \bigcup_{\alpha \in I} A_\alpha{}^C$．

对于（5）的证明，我们先证明 $(\bigcup_{\alpha \in I} A_\alpha)^C = \bigcap_{\alpha \in I} A_\alpha{}^C$．

注意到

$$x \in (\bigcup_{\alpha \in I} A_\alpha)^C \Leftrightarrow x \notin \bigcup_{\alpha \in I} A_\alpha$$

$$\Leftrightarrow 对任意的\, \alpha \in I \,都有\, x \notin A_\alpha$$

$$\Leftrightarrow 对任意的\, \alpha \in I \,都有\, x \in A_\alpha{}^C$$

$$\Leftrightarrow x \in \bigcap_{\alpha \in I} A_\alpha{}^C.$$

这表明 $(\bigcup_{\alpha \in I} A_\alpha)^C = \bigcap_{\alpha \in I} A_\alpha{}^C$．

我们再证明 $(\bigcap_{\alpha \in I} A_\alpha)^C = \bigcup_{\alpha \in I} A_\alpha{}^C$．

注意到

$$x \in (\bigcap_{\alpha \in I} A_\alpha)^C \Leftrightarrow x \notin \bigcap_{\alpha \in I} A_\alpha$$

$$\Leftrightarrow 存在\, \alpha \in I \,使得\, x \notin A_\alpha$$

$$\Leftrightarrow 存在\, \alpha \in I \,使得\, x \in A_\alpha{}^C$$

$$\Leftrightarrow x \in \bigcup_{\alpha \in I} A_\alpha{}^C.$$

这表明 $(\bigcap_{\alpha \in I} A_\alpha)^C = \bigcup_{\alpha \in I} A_\alpha{}^C$．∎

1.1.3 集列的极限

我们先定义单调集列的极限.

设 $\{A_n\}$ 是一个集列. 若对每个正整数 n, 均有 $A_n \subseteq A_{n+1}$, 则称 $\{A_n\}$ 是单调递增的. 若对每个正整数 n, 均有 $A_n \supseteq A_{n+1}$, 则称 $\{A_n\}$ 是单调递减的. 单调递增和单调递减的集列统称为单调集列.

设 $\{A_n\}$ 是一个单调递增集列, 称集合 $\bigcup\limits_{n=1}^{\infty} A_n$ 为集列 $\{A_n\}$ 的极限, 记为 $\lim\limits_{n\to\infty} A_n$. 设 $\{A_n\}$ 是一个单调递减集列, 称集合 $\bigcap\limits_{n=1}^{\infty} A_n$ 为集列 $\{A_n\}$ 的极限, 记为 $\lim\limits_{n\to\infty} A_n$.

例 5 设 $A_n = (0, 1-\dfrac{1}{2n}], B_n = (0, 1+\dfrac{1}{n}](n \geqslant 1)$. 则 $\{A_n\}$ 是单调递增的, $\{B_n\}$ 是单调递减的. 由定义知 $\lim\limits_{n\to\infty} A_n = \bigcup\limits_{n=1}^{\infty} A_n, \lim\limits_{n\to\infty} B_n = \bigcap\limits_{n=1}^{\infty} B_n$. 再由例 1 和例 2 知 $\bigcup\limits_{n=1}^{\infty} A_n = (0,1), \bigcap\limits_{n=1}^{\infty} B_n = (0,1]$, 从而 $\lim\limits_{n\to\infty} A_n = (0,1), \lim\limits_{n\to\infty} B_n = (0,1]$. ∎

接下来我们定义一般集列的上极限和下极限. 我们的想法是利用集合的并集运算或者交集运算把任意一个集列转化为一个单调集列, 而单调集列的极限已经定义好了, 于是我们就可以定义一般集列的上极限和下极限.

设 $\{A_n\}$ 是任意一个集列. 首先我们对集列 $\{A_n\}$ 施行并集运算.

$$B_1 = \bigcup_{k=1}^{\infty} A_k$$

$$B_2 = \bigcup_{k=2}^{\infty} A_k$$

$$B_3 = \bigcup_{k=3}^{\infty} A_k$$

$$\cdots$$

$$B_n = \bigcup_{k=n}^{\infty} A_k$$

$$\cdots$$

容易知道 $\{B_n\}$ 是一个单调递减集列，从而 $\{B_n\}$ 的极限为

$$\lim_{n\to\infty} B_n = \bigcap_{n=1}^{\infty} B_n = \bigcap_{n=1}^{\infty} \bigcup_{k=n}^{\infty} A_k .$$

然后我们对集列 $\{A_n\}$ 施行交集运算．

$$C_1 = \bigcap_{k=1}^{\infty} A_k$$

$$C_2 = \bigcap_{k=2}^{\infty} A_k$$

$$C_3 = \bigcap_{k=3}^{\infty} A_k$$

$$\cdots$$

$$C_n = \bigcap_{k=n}^{\infty} A_k$$

$$\cdots$$

容易知道 $\{C_n\}$ 是一个单调递增集列，从而 C_n 的极限为

$$\lim_{n\to\infty} C_n = \bigcup_{n=1}^{\infty} C_n = \bigcup_{n=1}^{\infty} \bigcap_{k=n}^{\infty} A_k .$$

定义 1.1　设 $\{A_n\}$ 是任意一个集列．称集合

$$\bigcap_{n=1}^{\infty} \bigcup_{k=n}^{\infty} A_k$$

为集列 $\{A_n\}$ 的上极限，记为 $\overline{\lim_{n\to\infty}} A_n$．称集合

$$\bigcup_{n=1}^{\infty} \bigcap_{k=n}^{\infty} A_k$$

为集列 $\{A_n\}$ 的下极限，记为 $\underline{\lim_{n\to\infty}} A_n$．

集列 $\{A_n\}$ 的上极限和下极限有下述性质．

定理 1.1　设 $\{A_n\}$ 是任意一个集列，则

$$\bigcap_{k=1}^{\infty} A_k \subseteq \underline{\lim_{n\to\infty}} A_n \subseteq \overline{\lim_{n\to\infty}} A_n \subseteq \bigcup_{k=1}^{\infty} A_k .$$

证明 我们首先证明 $\bigcap_{k=1}^{\infty} A_k \subseteq \varliminf_{n\to\infty} A_n$. 由于对任意的正整数 n 都有

$\bigcap_{k=1}^{\infty} A_k \subseteq \bigcap_{k=n}^{\infty} A_k$ ，从而 $\bigcap_{k=1}^{\infty} A_k \subseteq \bigcup_{n=1}^{\infty} \bigcap_{k=n}^{\infty} A_k$ ，这表明 $\bigcap_{k=1}^{\infty} A_k \subseteq \varliminf_{n\to\infty} A_n$.

我们然后证明 $\varliminf_{n\to\infty} A_n \subseteq \varlimsup_{n\to\infty} A_n$. 设 $x \in \bigcup_{n=1}^{\infty} \bigcap_{k=n}^{\infty} A_k$. 下面我们证明 $x \in \bigcap_{n=1}^{\infty} \bigcup_{k=n}^{\infty} A_k$.

要证明 $x \in \bigcap_{n=1}^{\infty} \bigcup_{k=n}^{\infty} A_k$ ，我们只需证明对任意的正整数 n ，存在正整数 $k \geq n$ 使

得 $x \in A_k$. 设 n 是任意一个正整数. 由于 $x \in \bigcup_{n=1}^{\infty} \bigcap_{k=n}^{\infty} A_k$ ，从而存在一个正整数

n_0 使得对任意的 $m \geq n_0$ 都有 $x \in A_m$. 我们选取一个正整数 k 满足 $k \geq n$ 且

$k \geq n_0$ ，从而 $x \in A_k$.

我们最后证明 $\varlimsup_{n\to\infty} A_n \subseteq \bigcup_{k=1}^{\infty} A_k$. 由于对任意的正整数 n 都有 $\bigcup_{k=n}^{\infty} A_k \subseteq \bigcup_{k=1}^{\infty} A_k$ ，

从而 $\bigcap_{n=1}^{\infty} \bigcup_{k=n}^{\infty} A_k \subseteq \bigcup_{k=1}^{\infty} A_k$ ，这表明 $\varlimsup_{n\to\infty} A_n \subseteq \bigcup_{k=1}^{\infty} A_k$. ∎

定义 1.2 设 $\{A_n\}$ 是任意一个集列. 若 $\varliminf_{n\to\infty} A_n = \varlimsup_{n\to\infty} A_n$ ，则称集列 $\{A_n\}$

存在极限，并且称集合 $\varliminf_{n\to\infty} A_n = \varlimsup_{n\to\infty} A_n$ 为集列 $\{A_n\}$ 的极限，记为 $\lim_{n\to\infty} A_n$.

定理 1.2 单调集列必存在极限. 并且：

（1）若 $\{A_n\}$ 是单调递增的，则 $\lim_{n\to\infty} A_n = \bigcup_{n=1}^{\infty} A_n$.

（2）若 $\{A_n\}$ 是单调递减的，则 $\lim_{n\to\infty} A_n = \bigcap_{n=1}^{\infty} A_n$.

证明 （1）因为 $\{A_n\}$ 是单调递增的，因此对任意的正整数 n 有

$$\bigcap_{k=n}^{\infty} A_k = A_n, \quad \bigcup_{k=n}^{\infty} A_k = \bigcup_{k=1}^{\infty} A_k.$$

于是

$$\varliminf_{n\to\infty} A_n = \bigcup_{n=1}^{\infty}\bigcap_{k=n}^{\infty} A_k = \bigcup_{n=1}^{\infty} A_n,$$

$$\varlimsup_{n\to\infty} A_n = \bigcap_{n=1}^{\infty}\bigcup_{k=n}^{\infty} A_k = \bigcap_{n=1}^{\infty}\bigcup_{k=1}^{\infty} A_k = \bigcup_{k=1}^{\infty} A_k.$$

所以

$$\varliminf_{n\to\infty} A_n = \varlimsup_{n\to\infty} A_n = \bigcup_{n=1}^{\infty} A_n.$$

因此集列 $\{A_n\}$ 存在极限, 并且 $\lim\limits_{n\to\infty} A_n = \bigcup\limits_{n=1}^{\infty} A_n$.

（2）因为 $\{A_n\}$ 是单调递减的, 所以对任意的正整数 n 有

$$\bigcap_{k=n}^{\infty} A_k = \bigcap_{k=1}^{\infty} A_k, \quad \bigcup_{k=n}^{\infty} A_k = A_n.$$

于是

$$\varliminf_{n\to\infty} A_n = \bigcup_{n=1}^{\infty}\bigcap_{k=n}^{\infty} A_k = \bigcup_{n=1}^{\infty}\bigcap_{k=1}^{\infty} A_k = \bigcap_{k=1}^{\infty} A_k,$$

$$\varlimsup_{n\to\infty} A_n = \bigcap_{n=1}^{\infty}\bigcup_{k=n}^{\infty} A_k = \bigcap_{n=1}^{\infty} A_n.$$

所以

$$\varliminf_{n\to\infty} A_n = \varlimsup_{n\to\infty} A_n = \bigcap_{n=1}^{\infty} A_n.$$

因此集列 $\{A_n\}$ 存在极限, 并且 $\lim\limits_{n\to\infty} A_n = \bigcap\limits_{n=1}^{\infty} A_n$. ∎

最后我们来计算一些集列的上极限和下极限.

例 6　设 $A_{2n-1} = [0, 2 - \dfrac{1}{2n-1}]$, $A_{2n} = [0, 1 + \dfrac{1}{2n}](n \geqslant 1)$. 我们来确定 $\{A_n\}$ 的

上极限和下极限. 受到定理 1.1 的启发, 我们可以先计算 $\bigcap\limits_{n=1}^{\infty} A_n$ 和 $\bigcup\limits_{n=1}^{\infty} A_n$, 然

后再去检验 $\varliminf\limits_{n\to\infty} A_n$ 是否等于 $\bigcap\limits_{n=1}^{\infty} A_n$ 以及 $\varlimsup\limits_{n\to\infty} A_n$ 是否等于 $\bigcup\limits_{n=1}^{\infty} A_n$.

第一步, 我们计算 $\bigcap\limits_{n=1}^{\infty} A_n$ 和 $\bigcup\limits_{n=1}^{\infty} A_n$. 容易知道当 $n > 1$ 时, $A_{2n} \subseteq A_{2n-1}$.

于是

$$\bigcap_{n=1}^{\infty} A_n = A_1 \cap (\bigcap_{n=2}^{\infty} A_{2n-1}) \cap A_2 \cap (\bigcap_{n=2}^{\infty} A_{2n})$$

$$= A_1 \cap A_2 \cap (\bigcap_{n=2}^{\infty} A_{2n})$$

$$= [0,1] \cap [0,\frac{3}{2}] \cap (\bigcap_{n=2}^{\infty} [0,1+\frac{1}{2n}])$$

$$= [0,1] \cap [0,\frac{3}{2}] \cap [0,1]$$

$$= [0,1]$$

且

$$\bigcup_{n=1}^{\infty} A_n = A_1 \cup (\bigcup_{n=2}^{\infty} A_{2n-1}) \cup A_2 \cup (\bigcup_{n=2}^{\infty} A_{2n})$$

$$= A_1 \cup A_2 \cup (\bigcup_{n=2}^{\infty} A_{2n-1})$$

$$= [0,1] \cup [0,\frac{3}{2}] \cup (\bigcup_{n=2}^{\infty} [0,2-\frac{1}{2n-1}])$$

$$= [0,1] \cup [0,\frac{3}{2}] \cup [0,2)$$

$$= [0,2)$$

第二步，我们证明 $\varliminf_{n\to\infty} A_n = \bigcap_{n=1}^{\infty} A_n = [0,1]$.

由 定 理 1.1 知 $[0,1] \subseteq \varliminf_{n\to\infty} A_n$ ， 我 们 只 需 证 明 $\varliminf_{n\to\infty} A_n \subseteq [0,1]$. 设 $x \in \bigcup_{n=1}^{\infty} \bigcap_{k=n}^{\infty} A_k$. 下面我们证明 $0 \leqslant x \leqslant 1$. 由于 $x \in \bigcup_{n=1}^{\infty} \bigcap_{k=n}^{\infty} A_k$ ，从而存在一个正整数 n 使得对任意的 $k \geqslant n$ 都有 $x \in A_k$. 当 $m \geqslant \frac{n}{2}$ 时有 $x \in A_{2m}$ ，于是当 $m \geqslant \frac{n}{2}$ 时有 $0 \leqslant x \leqslant 1 + \frac{1}{2m}$ ，所以 $0 \leqslant x \leqslant \lim_{m\to\infty} (1+\frac{1}{2m}) = 1$.

第三步，我们证明 $\varlimsup_{n\to\infty} A_n = \bigcup_{n=1}^{\infty} A_n = [0,2)$.

由定理 1.1 知 $\varlimsup_{n\to\infty} A_n \subseteq [0,2)$ ，我们只需证明 $[0,2) \subseteq \varlimsup_{n\to\infty} A_n$. 设 $0 \leqslant x < 2$.

下面我们证明 $x \in \bigcap\limits_{n=1}^{\infty} \bigcup\limits_{k=n}^{\infty} A_k$．要证明 $x \in \bigcap\limits_{n=1}^{\infty} \bigcup\limits_{k=n}^{\infty} A_k$，我们只需证明对任意的正

整数 n，存在正整数 $k \geqslant n$ 使得 $x \in A_k$．设 n 是任意一个正整数．我们可以选取一个

正整数 $m \geqslant \dfrac{n+1}{2}$ 使得 $0 \leqslant x \leqslant 2 - \dfrac{1}{2m-1}$，从而 $2m-1 \geqslant n$ 且 $x \in A_{2m-1}$．∎

例 7　设 $A_{2n-1} = (0, \dfrac{1}{n})$，$A_{2n} = (0, n)(n \geqslant 1)$．我们来确定 $\{A_n\}$ 的上极限和

下极限．我们先计算 $\bigcap\limits_{n=1}^{\infty} A_n$ 和 $\bigcup\limits_{n=1}^{\infty} A_n$．容易知道当 $n \geqslant 1$ 时，$A_{2n-1} \subseteq A_{2n}$．于是

$$\bigcap_{n=1}^{\infty} A_n = (\bigcap_{n=1}^{\infty} A_{2n-1}) \cap (\bigcap_{n=1}^{\infty} A_{2n})$$

$$= \bigcap_{n=1}^{\infty} A_{2n-1}$$

$$= \bigcap_{n=1}^{\infty} (0, \frac{1}{n})$$

$$= \varnothing$$

且

$$\bigcup_{n=1}^{\infty} A_n = (\bigcup_{n=1}^{\infty} A_{2n-1}) \cup (\bigcup_{n=1}^{\infty} A_{2n})$$

$$= \bigcup_{n=1}^{\infty} A_{2n}$$

$$= \bigcup_{n=1}^{\infty} (0, n)$$

$$= (0, +\infty)$$

接下来，我们证明 $\varliminf\limits_{n \to \infty} A_n = \bigcap\limits_{n=1}^{\infty} A_n = \varnothing$．用反证法．假设 $\varliminf\limits_{n \to \infty} A_n \neq \varnothing$，从

而在 $\varliminf\limits_{n \to \infty} A_n$ 中可以任取一个元素，记为 x．由于 $\varliminf\limits_{n \to \infty} A_n = \bigcup\limits_{n=1}^{\infty} \bigcap\limits_{k=n}^{\infty} A_k$，于是存在

一个正整数 n 使得对任意的 $k \geqslant n$ 都有 $x \in A_k$．当 $m \geqslant \dfrac{n+1}{2}$ 时有 $x \in A_{2m-1}$，于

是当 $m \geqslant \dfrac{n+1}{2}$ 时有 $0 < x < \dfrac{1}{m}$，所以 $0 < x \leqslant \lim\limits_{m \to \infty} \dfrac{1}{m} = 0$．这是一个矛盾，从

而假设不成立，故 $\varliminf\limits_{n\to\infty}A_n=\bigcap\limits_{n=1}^{\infty}A_n=\varnothing$．

最后我们证明 $\varlimsup\limits_{n\to\infty}A_n=\bigcup\limits_{n=1}^{\infty}A_n=(0,+\infty)$．由定理 1.1 知 $\varlimsup\limits_{n\to\infty}A_n\subseteq(0,+\infty)$，

我们只需证明 $(0,+\infty)\subseteq\varlimsup\limits_{n\to\infty}A_n$．设 $0<x<+\infty$．下面我们证明 $x\in\bigcap\limits_{n=1}^{\infty}\bigcup\limits_{k=n}^{\infty}A_k$．

要证明 $x\in\bigcap\limits_{n=1}^{\infty}\bigcup\limits_{k=n}^{\infty}A_k$，我们只需证明对任意的正整数 n，存在正整数 $k\geq n$ 使

得 $x\in A_k$．设 n 是任意一个正整数．我们可以选取一个正整数 $m\geq\dfrac{n}{2}$ 使得

$0<x<m$，从而 $2m\geq n$ 且 $x\in A_{2m}$．■

习题 1.1

1. 证明以下各式：

（1）$A\cup B=A\cup(B\setminus A)$．

（2）$(\bigcup\limits_{\alpha\in I}A_\alpha)\setminus B=\bigcup\limits_{\alpha\in I}(A_\alpha\setminus B)$．

（3）$(\bigcap\limits_{\alpha\in I}A_\alpha)\setminus B=\bigcap\limits_{\alpha\in I}(A_\alpha\setminus B)$．

（4）$A\setminus(\bigcup\limits_{\alpha\in I}B_\alpha)=\bigcap\limits_{\alpha\in I}(A\setminus B_\alpha)$．

（5）$A\setminus(\bigcap\limits_{\alpha\in I}B_\alpha)=\bigcup\limits_{\alpha\in I}(A\setminus B_\alpha)$．

2. 设 $\{A_n\}$ 是一个集列．令 $B_1=A_1,B_n=A_n\setminus\bigcup\limits_{i=1}^{n-1}A_i\ (n\geq2)$．证明

$B_i\cap B_j=\varnothing\ (i\neq j)$ 并且 $\bigcup\limits_{i=1}^{\infty}B_i=\bigcup\limits_{i=1}^{\infty}A_i$．

3. 设 $\{f_k\}$ 是 $\mathbb{R}^n$ 上的一列实值函数，试用形如 $\{x\in\mathbb{R}^n:f_k(x)>l\}$ 的集合表示集合 $\{x\in\mathbb{R}^n:\lim\limits_{k\to\infty}f_k(x)=+\infty\}$．

4. 设 $\{f_k\}$ 是 $\mathbb{R}^n$ 上的一列实值函数．令 $A=\{x\in\mathbb{R}^n:\lim\limits_{k\to\infty}f_k(x)=0\}$．

证明

$$A = \bigcap_{l=1}^{\infty} \bigcup_{m=1}^{\infty} \bigcap_{k=m}^{\infty} \left\{ x \in \mathbb{R}^n : |f_k(x)| < \frac{1}{l} \right\}.$$

1.2　映射与可列集

1.2.1　映射

定义 1.3　设 X 和 Y 是两个非空集合. 若 f 是某一法则, 使得对每个 $x \in X$ 有唯一的 $y \in Y$ 与之对应, 则称 f 为从 X 到 Y 的映射, 记为

$$f : X \to Y.$$

当 y 与 x 对应时, 称 y 为 x 在映射 f 下的像, 记为 $y = f(x)$, 称 x 为 y 的一个原像, 称 X 为 f 的定义域, 记为 $D(f)$. 称 Y 的子集

$$\{f(x) : x \in X\}$$

为 f 的值域, 记为 $R(f)$.

定义 1.4　设 $f : X \to Y$ 为从 X 到 Y 的映射. 设 A 是 X 的子集, 称 Y 的子集

$$\{f(x) : x \in A\}$$

为 A 在映射 f 下的像, 记为 $f(A)$. 设 B 是 Y 的子集, 称 X 的子集

$$\{x \in X : f(x) \in B\}$$

为集合 B 关于映射 f 的原像, 记为 $f^{-1}(B)$.

例 1　设 $f : \{1, 2, 3, 4\} \to \{5, 6, 7, 8\}$ 定义为

$$f(1) = 5, f(2) = 6, f(3) = 7, f(4) = 8.$$

则 $f(\{1, 2, 3\}) = \{5, 6, 7\}$, $f^{-1}(\{6, 7, 8\}) = \{2, 3, 4\}$.

定义 1.5 设 $f: X \to Y$ 是 X 到 Y 的映射. 如果当 $x_1, x_2 \in X$ 且 $x_1 \neq x_2$ 时, $f(x_1) \neq f(x_2)$, 则称 f 为单射. 若 $R(f) = Y$, 则称 f 为满射. 如果 f 既是单射, 又是满射, 则称 f 为双射.

单射和满射有下述非常实用的刻画.

定理 1.3 设 $f: X \to Y$ 是 X 到 Y 的映射. 则

（1）f 为单射当且仅当对任意的 $y \in R(f)$, 存在唯一的 $x \in X$ 使得 $y = f(x)$；

（2）f 为满射当且仅当对任意的 $y \in Y$, 存在 $x \in X$ 使得 $y = f(x)$.

证明 （1）假设 f 为单射. 下证对任意的 $y \in R(f)$, 存在唯一的 $x \in X$ 使得 $y = f(x)$. 设 $y \in R(f)$. 显然存在 $x \in X$ 使得 $y = f(x)$. 下证唯一性. 如果 $x_1, x_2 \in X$ 满足 $y = f(x_1) = f(x_2)$, 由于 f 为单射, 从而 $x_1 = x_2$. 这就证明了唯一性.

假设对任意的 $y \in R(f)$, 存在唯一的 $x \in X$ 使得 $y = f(x)$. 下证 f 为单射. 设 $x_1, x_2 \in X$ 且 $x_1 \neq x_2$. 下面我们证明 $f(x_1) \neq f(x_2)$. 用反证法. 假设 $f(x_1) = f(x_2)$. 记 $y = f(x_1) = f(x_2)$, 显然 $y \in R(f)$. 由题设条件知 y 有唯一的原像, 从而 $x_1 = x_2$, 这与 $x_1 \neq x_2$ 矛盾, 于是假设不成立. 所以 $f(x_1) \neq f(x_2)$.

（2）假设 f 为满射. 下证对任意的 $y \in Y$, 存在 $x \in X$ 使得 $y = f(x)$. 设 $y \in Y$. 由于 f 为满射, 从而 $R(f) = Y$. 故 $y \in R(f)$, 从而存在 $x \in X$ 使得 $y = f(x)$.

假设对任意的 $y \in Y$, 存在 $x \in X$ 使得 $y = f(x)$. 下证 f 为满射.

由题设条件知 $Y \subseteq R(f)$. 而 $R(f) \subseteq Y$ 是显然的, 故 $R(f) = Y$. ∎

定义 1.6 设 $f: X \to Y$ 是一个单射. 定义映射

$$g : R(f) \to X,$$
$$y \mapsto x,$$

其中，$x \in X$，并且满足 $f(x) = y$（由于 f 是单射，这样的 x 存在并且唯一）.

称 g 为 f 的逆映射，记为 f^{-1}.

由逆映射的定义知道以下等式成立：

$$f^{-1}(f(x)) = x \, (x \in X), \quad f(f^{-1}(y)) = y \, (y \in R(f)) \, .$$

定义 1.7　设 $f : X \to Y$ 和 $g : Y \to Z$ 是两个映射. 令

$$h(x) = g(f(x)) \, (x \in X) \, .$$

则 h 是 X 到 Z 的映射. 称 h 为 f 与 g 的复合映射，记为 $g \circ f$.

设 $f : X \to Y$ 和 $g : Y \to Z$ 是两个映射，$C \subseteq Z$. 则

$$(g \circ f)^{-1}(C) = f^{-1}(g^{-1}(C)) \, .$$

这是由于

$$x \in (g \circ f)^{-1}(C) \Leftrightarrow g(f(x)) \in C$$
$$\Leftrightarrow f(x) \in g^{-1}(C)$$
$$\Leftrightarrow x \in f^{-1}(g^{-1}(C)) \, .$$

定义 1.8　设 X 和 Y 是两个非空集合，A 是 X 的非空子集，$f : A \to Y$ 是 A 到 Y 的映射，$\widetilde{f} : X \to Y$ 是 X 到 Y 的映射. 若对每个 $x \in A$ 有 $f(x) = \widetilde{f}(x)$，则称 $\widetilde{f}$ 是 f 在 X 上的延拓. 称 f 是 $\widetilde{f}$ 在 A 上的限制，记为 $f = \widetilde{f}\big|_A$.

定义 1.9　设 X 是一个非空集合，A 是 X 的子集. 令

$$\chi_A(x) = \begin{cases} 1, & x \in A, \\ 0, & x \in X \setminus A. \end{cases}$$

则 χ_A 是定义在 X 上的函数，称为 A 的特征函数.

以后会经常用到特征函数. 关于特征函数有以下简单性质：

（1）$A \subseteq \bigcup_{i=1}^{n} B_i \Leftrightarrow$ 对任意的 $x \in X$ 都有 $\chi_A(x) \leqslant \sum_{i=1}^{n} \chi_{B_i}(x)$.

下面我们简要地证明（1）. 假设 $A \subseteq \bigcup_{i=1}^{n} B_i$. 下证对任意的 $x \in X$ 都有

$\chi_A(x) \leqslant \sum_{i=1}^{n} \chi_{B_i}(x)$. 如果 $x \notin A$, 此时 $\chi_A(x) = 0$, 显然 $\chi_A(x) \leqslant \sum_{i=1}^{n} \chi_{B_i}(x)$. 如

果 $x \in A$, 由于 $A \subseteq \bigcup_{i=1}^{n} B_i$, 从而存在 $1 \leqslant j \leqslant n$ 使得 $x \in B_j$, 此时

$$\chi_A(x) = \chi_{B_j}(x) = 1 \leqslant \sum_{i=1}^{n} \chi_{B_i}(x).$$

假设对任意的 $x \in X$ 都有 $\chi_A(x) \leqslant \sum_{i=1}^{n} \chi_{B_i}(x)$. 下证 $A \subseteq \bigcup_{i=1}^{n} B_i$. 设 $x \in A$.

下面我们证明存在 $1 \leqslant j \leqslant n$ 使得 $x \in B_j$. 由于 $\chi_A(x) = 1$ 以及

$$\chi_A(x) \leqslant \sum_{i=1}^{n} \chi_{B_i}(x),$$

从而存在 $1 \leqslant j \leqslant n$ 使得 $\chi_{B_j}(x) = 1$, 这表明存在 $1 \leqslant j \leqslant n$ 使得 $x \in B_j$.

（2）若 $\{A_n\}$ 是一列互不相交（亦即当 $m \neq n$ 时 $A_m \bigcap A_n = \varnothing$）的集合

且 $\bigcup_{n=1}^{\infty} A_n = A$, 则对任意的 $x \in X$ 都有 $\chi_A(x) = \sum_{n=1}^{\infty} \chi_{A_n}(x)$. 特殊地, 如果

$A_1, A_2, \cdots, A_n$ 是互不相交的集合且 $\bigcup_{i=1}^{n} A_i = A$, 则对任意的 $x \in X$ 都有

$\chi_A(x) = \sum_{i=1}^{n} \chi_{A_i}(x)$.

下面我们简要地证明（2）. 如果 $x \notin A$, 此时对任意的正整数 n 都有

$x \notin A_n$, 从而 $\chi_A(x) = \sum_{n=1}^{\infty} \chi_{A_n}(x) = 0$. 如果 $x \in A$, 此时存在唯一的正整数 i

使得 $x \in A_i$, 从而 $\chi_A(x) = 1, \sum_{n=1}^{\infty} \chi_{A_n}(x) = \chi_{A_i}(x) = 1$, 于是

$$\chi_A(x) = \sum_{n=1}^{\infty} \chi_{A_n}(x) = 1.$$

特征函数为函数的表示带来方便．例如，设 $A_1,\cdots,A_n$ 是 X 的互不相交的子集，并且 $X=\bigcup\limits_{i=1}^{n}A_i$．若 $f_i\,(i=1,2,\cdots,n)$ 是定义在 A_i 上的函数，则定义在 X 上的函数

$$f(x)=\begin{cases}f_1(x),\ x\in A_1,\\ \cdots\\ f_n(x),\ x\in A_n\end{cases}$$

可以表示为

$$f(x)-\sum_{i=1}^{n}f_i(x)\chi_{A_i}(x)\,(x\in X)\ .$$

1.2.2　可列集

给定两个非空集合 A 和 B．若存在一个从 A 到 B 的双射，则该映射建立了这两个集合的元素之间的一一对应．因此我们有如下的定义：

定义 1.10　设 A 和 B 是两个非空集合．若存在一个从 A 到 B 的双射，则称 A 与 B 是对等的，记为 $A\sim B$．此外补充定义 $\varnothing\sim\varnothing$．

显然，集合的对等关系具有如下性质：

（1）$A\sim A$（自反性）．

若 $A=\varnothing$，显然 $\varnothing\sim\varnothing$．若 $A\neq\varnothing$，考虑恒同映射

$$I:A\to A,$$
$$x\mapsto x,$$

容易检验 $I:A\to A$ 是 A 到 A 的双射，从而 $A\sim A$．

（2）若 $A\sim B$，则 $B\sim A$（对称性）．

若 $A=B=\varnothing$，显然 $\varnothing\sim\varnothing$．若 A 和 B 都是非空集合，由于 $A\sim B$，从而存在一个从 A 到 B 的双射 $f:A\to B$，容易检验 f 的逆映射 $f^{-1}:B\to A$

是 B 到 A 的双射，故 $B \sim A$.

（3）若 $A \sim B, B \sim C$ ，则 $A \sim C$（传递性）.

若 $A = B = C = \varnothing$ ，显然 $\varnothing \sim \varnothing$. 若 A, B, C 都是非空集合，由于 $A \sim B, B \sim C$ ，从而存在一个从 A 到 B 的双射 $f : A \to B$ ，存在一个从 B 到 C 的双射 $g : B \to C$ ，容易检验 f 与 g 的复合映射 $g \circ f : A \to C$ 是 A 到 C 的双射，故 $A \sim C$.

利用对等的概念，可以给出有限集和无限集的严格定义. 设 A 是一非空集合. 若存在一个正整数 n ，使得 A 与集合 $\{1, \cdots, n\}$ 对等，则称 A 为有限集. 规定空集是有限集. 若 A 不是有限集，则称 A 为无限集.

正整数集合 $\mathbb{N}^*$ 是无限集. 正整数集合 $\mathbb{N}^*$ 有一个重要的特点，就是正整数集合 $\mathbb{N}^*$ 中的元素可以既无重复又无遗漏地排成一个无穷序列. 具有这种性质的集合就是我们下面要讨论的可列集.

定义 1.11 与正整数集合 $\mathbb{N}^*$ 对等的集合称为可列集. 有限集和可列集统称为可数集.

由可列集的定义容易知道：

（1）可列集一定是无限集；

（2）若 A 是可列集，B 与 A 对等，则 B 也是可列集.

定理 1.4 集合 A 是可列集的充要条件是 A 中的元素可以既无重复又无遗漏地排成一个无穷序列

$$A = \{a_1, a_2, \cdots, a_n, \cdots\} .$$

证明 设 A 是可列集，则存在一个 $\mathbb{N}^*$ 到 A 的双射，记为 φ . 由于 φ 是满射，从而 $A = R(\varphi) = \{\varphi(n) : n \geqslant 1\}$. 由于 φ 是单射，从而当 $n \neq m$ 时 $\varphi(n) \neq \varphi(m)$. 对每个 $n \geqslant 1$ ，记 $a_n = \varphi(n)$. 这样，A 中的元素可以既无重复又无遗漏地排成一个无穷序列

$$A = \{a_1, a_2, \cdots, a_n, \cdots\}.$$

反过来，若 A 中的元素可以既无重复又无遗漏地排成一个无穷序列

$$A = \{a_1, a_2, \cdots, a_n, \cdots\},$$

令 $f(a_n) = n \, (n \geqslant 1)$，则 f 是 A 到 $\mathbb{N}^*$ 的双射．因此 A 是可列集．■

例 2　以下几个集合中的元素都可以既无重复又无遗漏地排成一个无穷序列，因此都是可列集：

正整数集合 $\mathbb{N}^*$：　$\{1, 2, 3, \cdots, n, \cdots\}$．

自然数集合 $\mathbb{N}$：　$\{0, 1, 2, 3, \cdots, n, \cdots\}$．

正奇数集合 O：　$\{1, 3, 5, \cdots, 2n-1, \cdots\}$．

正偶数集合 E：　$\{2, 4, 6, \cdots, 2n, \cdots\}$．

整数集合 $\mathbb{Z}$：　$\{0, 1, -1, 2, -2, \cdots, n, -n, \cdots\}$．

■

下面我们借助数学分析中的闭区间套定理给出一个不是可列集的例子．

我们先回顾一下数学分析中的闭区间套定理．

定义 1.12　如果一列有界闭区间 $\{[a_n, b_n]\}$ 满足条件：

（1）$[a_{n+1}, b_{n+1}] \subseteq [a_n, b_n]$，$n = 1, 2, 3, \cdots$；

（2）$\lim\limits_{n \to \infty} (b_n - a_n) = 0$，

则称 $\{[a_n, b_n]\}$ 形成一个闭区间套．

定理 1.5　（闭区间套定理）如果 $\{[a_n, b_n]\}$ 形成一个闭区间套，则存在唯一的实数 ξ 属于所有的有界闭区间 $[a_n, b_n]$，且

$$\xi = \lim_{n \to \infty} a_n = \lim_{n \to \infty} b_n.$$

证明　由于 $\{[a_n, b_n]\}$ 形成一个闭区间套，从而

$$a_1 \leqslant \cdots \leqslant a_{n-1} \leqslant a_n \leqslant b_n \leqslant b_{n-1} \leqslant \cdots \leqslant b_1.$$

显然 $\{a_n\}$ 单调增加且有上界 b_1，$\{b_n\}$ 单调减少且有下界 a_1，由单调有界数列收敛定理知 $\{a_n\}$ 与 $\{b_n\}$ 都收敛，且

$$\lim_{n\to\infty}a_n=\sup\{a_n:n\geqslant 1\},\ \lim_{n\to\infty}b_n=\inf\{b_n:n\geqslant 1\}.$$

设 $\lim\limits_{n\to\infty}a_n=\xi$，则

$$\lim_{n\to\infty}b_n=\lim_{n\to\infty}\left[(b_n-a_n)+a_n\right]=\lim_{n\to\infty}(b_n-a_n)+\lim_{n\to\infty}a_n=\xi.$$

由于 $\xi=\sup\{a_n:n\geqslant 1\}=\inf\{b_n:n\geqslant 1\}$，于是有 $a_n\leqslant\xi\leqslant b_n,n=1,2,3,\cdots$，即 ξ 属于所有的有限闭区间 $[a_n,b_n]$．若另有实数 η 属于所有的有限闭区间 $[a_n,b_n]$，则也有 $a_n\leqslant\eta\leqslant b_n,n=1,2,3,\cdots$．令 $n\to\infty$，由极限的夹逼性得到 $\eta=\lim\limits_{n\to\infty}a_n=\lim\limits_{n\to\infty}b_n=\xi$，此即说明满足定理结论的实数 ξ 是唯一的．■

接下来，我们证明实数集合 $\mathbb{R}$ 不是可列集．

定理 1.6 实数集合 $\mathbb{R}$ 不是可列集．

证明 用反证法．假设实数集合 $\mathbb{R}$ 是可列集，由定理 1.4 知，$\mathbb{R}$ 中的元素可以既无重复又无遗漏地排成一个无穷序列

$$\mathbb{R}=\{x_1,x_2,\cdots,x_n,\cdots\}.$$

先取有限闭区间 $[a_1,b_1]$ 使得 $x_1\notin[a_1,b_1]$，这总是可以做到的．然后将 $[a_1,b_1]$ 三等分，则在有限闭区间

$$\left[a_1,\frac{2a_1+b_1}{3}\right],\left[\frac{2a_1+b_1}{3},\frac{a_1+2b_1}{3}\right],\left[\frac{a_1+2b_1}{3},b_1\right]$$

中，至少有一个不含有 x_2，把它记为 $[a_2,b_2]$．再将 $[a_2,b_2]$ 三等分，则在有限闭区间

$$\left[a_2,\frac{2a_2+b_2}{3}\right],\left[\frac{2a_2+b_2}{3},\frac{a_2+2b_2}{3}\right],\left[\frac{a_2+2b_2}{3},b_2\right]$$

中，至少有一个不含有 x_3，把它记为 $[a_3,b_3]$．

…………

这样的步骤可以一直做下去，于是得到一个闭区间套 $\{[a_n,b_n]\}$，满足

$$x_n \notin [a_n,b_n], n=1,2,3,\cdots.$$

由闭区间套定理知，存在唯一的实数 ξ 属于所有的有界闭区间 $[a_n,b_n]$，换言之，$\xi \neq x_n$（$n=1,2,3,\cdots$），这就与集合 $\{x_1,x_2,\cdots,x_n,\cdots\}$ 表示实数集合 $\mathbb{R}$ 产生矛盾. ■

例 3　设 a,b 是任意两个实数且 $a<b$，则有界开区间 (a,b) 不是可列集.

证明　（1）$(-\dfrac{\pi}{2},\dfrac{\pi}{2})$ 不是可列集. 作映射 $f:(-\dfrac{\pi}{2},\dfrac{\pi}{2}) \to \mathbb{R}$ 使得 $f(x)=\tan x$（$-\dfrac{\pi}{2}<x<\dfrac{\pi}{2}$），容易检验 f 是 $(-\dfrac{\pi}{2},\dfrac{\pi}{2})$ 到 $\mathbb{R}$ 的双射，这表明 $(-\dfrac{\pi}{2},\dfrac{\pi}{2})$ 和 $\mathbb{R}$ 对等. 由定理 1.6 知 $\mathbb{R}$ 不是可列集，从而 $(-\dfrac{\pi}{2},\dfrac{\pi}{2})$ 不是可列集.

（2）(a,b) 不是可列集. 作映射

$$g:(a,b) \to (-\dfrac{\pi}{2},\dfrac{\pi}{2})$$

使得 $g(x)=\dfrac{\pi}{b-a}x+\dfrac{\pi}{2}-\dfrac{\pi b}{b-a}$（$a<x<b$），容易检验 g 是 (a,b) 到 $(-\dfrac{\pi}{2},\dfrac{\pi}{2})$ 的双射，这表明 (a,b) 和 $(-\dfrac{\pi}{2},\dfrac{\pi}{2})$ 对等. 由于 $(-\dfrac{\pi}{2},\dfrac{\pi}{2})$ 不是可列集，从而 (a,b) 不是可列集. ■

下面的定理告诉我们可列集有怎样的子集.

定理 1.7　可列集的任何无限子集还是可列集.

证明　设 A 是可列集，B 是 A 的一个无限子集. 下面我们证明 B 中的元素可以既无重复又无遗漏地排成一个无穷序列，从而 B 是可列集. 由于 A 是可列集，从而 A 中的元素可以既无重复又无遗漏地排成一个无穷序列

$$A=\{a_1,a_2,\cdots,a_n,\cdots\}.$$

对任意的 $x \in B$，存在唯一的正整数 n_x 使得 $x = a_{n_x}$．由于 B 是无限集，从而 $\{n_x : x \in B\}$ 是正整数集合 $\mathbb{N}^*$ 的一个无限子集，于是 $\{n_x : x \in B\}$ 中的元素可以按照从小到大的顺序排成一个无穷序列

$$\{n_x : x \in B\} = \{n_1, n_2, \cdots, n_k, \cdots\},$$

其中，$n_1 < n_2 < \cdots < n_k < n_{k+1} < \cdots$．所以 B 中的元素可以既无重复又无遗漏地排成一个无穷序列

$$B = \{a_{n_1}, a_{n_2}, \cdots, a_{n_k}, \cdots\}.$$

■

定理 1.7 表明可列集的子集是有限集或者可列集．

例 4 素数集合 P 是正整数集合 $\mathbb{N}^*$ 的一个无限子集，由于正整数集合 $\mathbb{N}^*$ 是可列集，根据定理 1.7 知道素数集合 P 是可列集．■

例 5 设 a, b 是任意两个实数且 $a < b$，则区间 $[a, b)$ 不是可列集．由于 (a, b) 是 $[a, b)$ 的一个无限子集且 (a, b) 不是可列集，根据定理 1.7 知道 $[a, b)$ 不是可列集．类似地可以证明区间

$$(a, b], [a, b], (a, +\infty), [a, +\infty), (-\infty, a), (-\infty, a]$$

都不是可列集．■

定理 1.8 任何无限集必包含一个可列子集．

证明 设 A 是无限集．在 A 中任取一个元素，记为 a_1．假定 $a_1, a_2, \cdots, a_{n-1}$ 已经取定．由于 A 是无限集，故 $A \setminus \{a_1, a_2, \cdots, a_{n-1}\}$ 不是空集．在 $A \setminus \{a_1, a_2, \cdots, a_{n-1}\}$ 中任取一个元素，记为 a_n．这样一直作下去，就得到 A 中的一个无穷序列 $\{a_1, a_2, \cdots, a_n, \cdots\}$，则 $\{a_1, a_2, \cdots, a_n, \cdots\}$ 是 A 的一个可列的子集．■

下面我们来研究由可列集出发通过并集运算可产生什么样的集合．

定理 1.9　设 A 为可列集, B 为有限集或者可列集, 则 $A \cup B$ 为可列集.

证明　(1) 先设 $A \cap B = \varnothing$.

当 B 为空集时, 显然 $A \cup B$ 为可列集. 接下来假设 B 不为空集. 由于可列集中的元素可以既无重复又无遗漏地排成一个无穷序列, 不妨设 $A = \{a_1, a_2, \cdots, a_n, \cdots\}$,　$B = \{b_1, \cdots, b_k\}$ (当 B 为有限集时) 或 $B = \{b_1, b_2, \cdots, b_n, \cdots\}$ (当 B 为可列集时). 由于当 B 为有限集时,

$$A \cup B = \{b_1, \cdots, b_k, a_1, a_2, \cdots, a_n, \cdots\} ;$$

当 B 为可列集时,

$$A \cup B = \{a_1, b_1, a_2, b_2, a_3, b_3, \cdots, a_n, b_n, \cdots\} .$$

可见 $A \cup B$ 中的元素可以既无重复又无遗漏地排成一个无穷序列, 从而 $A \cup B$ 为可列集.

(2) 一般情形下.

此时, 令 $B^* = B \setminus A$, 则 $A \cap B^* = \varnothing$, $A \cup B = A \cup B^*$, 但 B^* 作为 B 的子集仍为有限集或者可列集, 这样就归结到 (1) 的情形了. ∎

推论 1.1　设 $A_i(i = 1, \cdots, n)$ 是有限集或者可列集, 则 $\bigcup\limits_{i=1}^{n} A_i$ 也是有限集或者可列集, 但如果至少有一个 A_i 是可列集, 则 $\bigcup\limits_{i=1}^{n} A_i$ 必为可列集.

推论 1.1 表明有限多个 (不是 0 个) 可列集的并集还是可列集.

接下来我们证明多个可列集的并集还是可列集, 为此我们需要两个引理.

引理 1.1　设 $\{A_i\}$ 是一列互不相交的可列集, 则 $\bigcup\limits_{i=1}^{\infty} A_i$ 也是可列集.

证明　因每个 A_i 都是可列集, 故每个 A_i 中的元素可以既无重复又无遗漏地排成一个无穷序列

$$A_i = \{a_{i1}, a_{i2}, \cdots, a_{in}, \cdots\} .$$

$$
\begin{array}{llllll}
A_1: & a_{11} & a_{12} & a_{13} & a_{14} & \cdots \\
A_2: & a_{21} & a_{22} & a_{23} & a_{24} & \cdots \\
A_3: & a_{31} & a_{32} & a_{33} & a_{34} & \cdots \\
A_4: & a_{41} & a_{42} & a_{43} & a_{44} & \cdots \\
\vdots & \vdots & \vdots & \vdots & \vdots &
\end{array}
$$

按照上述箭头顺序可以将 $\bigcup\limits_{i=1}^{\infty} A_i$ 中的元素既无重复又无遗漏地排成一个无穷序列

$$
\bigcup_{i=1}^{\infty} A_i = \{a_{11}, a_{12}, a_{21}, a_{13}, a_{22}, a_{31}, \cdots\},
$$

因此 $\bigcup\limits_{i=1}^{\infty} A_i$ 是可列集. ∎

引理 1.2 设 $\{A_i\}$ 是一列互不相交的有限集, 则 $\bigcup\limits_{i=1}^{\infty} A_i$ 也是有限集或者可列集.

证明 我们分两种情形讨论.

情形 1. 如果只有有限多个 A_i 不为空集, 此时 $\bigcup\limits_{i=1}^{\infty} A_i$ 显然为有限集.

情形 2. 如果可列多个 A_i 不为空集, 设

$$
\{i \geqslant 1 : A_i \neq \varnothing\} = \{i_1, i_2, \cdots, i_k, \cdots\},
$$

其中, $i_1 < i_2 < \cdots < i_k < i_{k+1} < \cdots$. 此时 $\bigcup\limits_{i=1}^{\infty} A_i = \bigcup\limits_{k=1}^{\infty} A_{i_k}$. 因每个 A_{i_k} 都是非空有限集, 设 $A_{i_k} = \{a_{k1}, \cdots, a_{kn_k}\}\,(k \geqslant 1)$, 其中 $n_k\,(k \geqslant 1)$ 都是正整数. 我们可以把 $\bigcup\limits_{k=1}^{\infty} A_{i_k}$ 中的元素既无重复又无遗漏地排成一个无穷序列 (先把 A_{i_1} 中的元素排完, 紧接着把 A_{i_2} 中的元素排完, 依次类推不断进行下去)

$$
\bigcup_{k=1}^{\infty} A_{i_k} = \{a_{11}, \cdots, a_{1n_1}, a_{21}, \cdots, a_{2n_2}, a_{31}, \cdots, a_{3n_3}, \cdots, a_{k1}, \cdots, a_{kn_k}, \cdots\},
$$

因此 $\bigcup\limits_{k=1}^{\infty} A_{i_k}$ 是可列集，从而 $\bigcup\limits_{i=1}^{\infty} A_i$ 是可列集．∎

定理 1.10　设 $A_i\,(i=1,2,3,\cdots)$ 都是可列集，则 $\bigcup\limits_{i=1}^{\infty} A_i$ 也是可列集．

证明　令 $A_1^* = A_1$，$A_i^* = A_i \setminus \bigcup\limits_{j=1}^{i-1} A_j\ (i \geq 2)$，则

$$A_i^* \bigcap A_j^* = \varnothing\ (i \neq j)\ \text{且}\ \bigcup_{i=1}^{\infty} A_i^* = \bigcup_{i=1}^{\infty} A_i\ .$$

根据定理 1.7 知道每个 A_i^* 都是有限集或者可列集．

令 $J = \{i \geq 1: A_i^* \text{是可列集}\}$，显然 $1 \in J$，根据定理 1.7 知道 J 是非空有限集或者可列集．

我们分三种情形讨论．

情形 1. 如果 $\mathbb{N}^* \setminus J = \varnothing$，此时 $J = \mathbb{N}^*$，再由引理 1.1 知 $\bigcup\limits_{i=1}^{\infty} A_i^*$ 是可列集，从而 $\bigcup\limits_{i=1}^{\infty} A_i$ 也是可列集．

情形 2. 如果 $\mathbb{N}^* \setminus J$ 是一个非空有限集，此时 $\bigcup\limits_{i \in \mathbb{N}^* \setminus J} A_i^*$ 为有限集，由推论 1.1 和引理 1.1 知 $\bigcup\limits_{i \in J} A_i^*$ 为可列集，于是

$$\bigcup_{i=1}^{\infty} A_i^* = (\bigcup_{i \in \mathbb{N}^* \setminus J} A_i^*) \cup (\bigcup_{i \in J} A_i^*)$$

为可列集，从而 $\bigcup\limits_{i=1}^{\infty} A_i$ 也是可列集．

情形 3. 如果 $\mathbb{N}^* \setminus J$ 是一个可列集，由引理 1.2 知 $\bigcup\limits_{i \in \mathbb{N}^* \setminus J} A_i^*$ 是有限集或者可列集，由推论 1.1 和引理 1.1 知 $\bigcup\limits_{i \in J} A_i^*$ 为可列集，于是

$$\bigcup_{i=1}^{\infty} A_i^* = (\bigcup_{i \in \mathbb{N}^* \setminus J} A_i^*) \cup (\bigcup_{i \in J} A_i^*)$$

为可列集，从而 $\bigcup\limits_{i=1}^{\infty} A_i$ 也是可列集．∎

例 6 有理数集合 $\mathbb{Q}$ 是可列集. 对每个正整数 n，令

$$A_n = \left\{ \frac{1}{n}, \frac{2}{n}, \frac{3}{n}, \cdots \right\} .$$

则每个 A_n 是可列集. 由于正有理数集合 $\mathbb{Q}^+ = \bigcup_{n=1}^{\infty} A_n$，由定理 1.10 知正有理数集合 $\mathbb{Q}^+$ 是可列集. 由于负有理数集合 $\mathbb{Q}^-$ 与正有理数集合 $\mathbb{Q}^+$ 对等，负有理数集合 $\mathbb{Q}^-$ 也是可列集. 于是有理数集合 $\mathbb{Q} = \mathbb{Q}^+ \cup \mathbb{Q}^- \cup \{0\}$ 是可列集. ■

应该注意，有理数集合在实数集合中是处处稠密的，即在实数轴上任何有限开区间中都有有理数存在. 尽管如此，有理数集合还只不过是一个可列集. 这个表面看来令人难以置信的事实，正是 Cantor 创立集合论时向"无限"进军的一个重要成果，它是人类理性思维的又一胜利.

例 7 无理数集合 $\mathbb{R} \setminus \mathbb{Q}$ 不是可列集. 用反证法. 假设无理数集合 $\mathbb{R} \setminus \mathbb{Q}$ 是可列集，由例 6 和定理 1.9 知实数集合 $\mathbb{R} = (\mathbb{R} \setminus \mathbb{Q}) \cup \mathbb{Q}$ 是可列集. 然而由定理 1.6 知实数集合 $\mathbb{R}$ 不是可列集，这样一来就产生矛盾. ■

定理 1.11 若 $A_1, \cdots, A_n$ 都是可列集，则它们的直积 $A_1 \times \cdots \times A_n$ 也是可列集.

证明 我们先证 $n = 2$ 的情形. 设

$$A_1 = \{a_1, a_2, \cdots, a_k, \cdots\}, A_2 = \{b_1, b_2, \cdots, b_k, \cdots\} .$$

对每个正整数 k，令

$$E_k = A_1 \times \{b_k\} = \{(a, b_k) : a \in A_1\} .$$

则 $A_1 \times A_2 = \bigcup_{k=1}^{\infty} E_k$，将 (a, b_k) 与 a 对应即知 E_k 与 A_1 对等，因此每个 E_k 是可列集. 根据定理 1.10 知道 $A_1 \times A_2$ 是可列集.

一般情形可以用数学归纳法证明. 当 $n = 1$ 时命题显然成立. 假设当 $n = k$ 时命题成立，下面我们证明当 $n = k + 1$ 时命题也成立. 设

$A_1, \cdots, A_k, A_{k+1}$ 是 $k+1$ 个可列集. 下面我们证明 $A_1 \times \cdots \times A_k \times A_{k+1}$ 也是可列集. 将 $(a_1, \cdots, a_k, a_{k+1})$ 与 $((a_1, \cdots, a_k), a_{k+1})$ 对应即知 $A_1 \times \cdots \times A_k \times A_{k+1}$ 与 $(A_1 \times \cdots \times A_k) \times A_{k+1}$ 对等, 因此我们只需证明 $(A_1 \times \cdots \times A_k) \times A_{k+1}$ 是可列集. 由归纳假设知 $A_1 \times \cdots \times A_k$ 是可列集, 再由 $n = 2$ 的情形知

$$(A_1 \times \cdots \times A_k) \times A_{k+1}$$

是可列集. ∎

例 8　设 n 是一个正整数, 由例 2, 例 6 以及定理 1.11 知

$$\mathbf{N}^n = \underbrace{\mathbf{N} \times \cdots \times \mathbf{N}}_{n}, \quad \mathbf{N}^{*n} = \underbrace{\mathbf{N}^* \times \cdots \times \mathbf{N}^*}_{n}, \quad \mathbf{Z}^n = \underbrace{\mathbf{Z} \times \cdots \times \mathbf{Z}}_{n}, \quad \mathbf{Q}^n = \underbrace{\mathbf{Q} \times \cdots \times \mathbf{Q}}_{n}$$

都是可列集. ∎

例 9　以有理数为端点的有界开区间的全体是可列集. 我们记 $\mathfrak{I} = \{(a, b) : a < b \text{ 且 } a, b \in \mathbf{Q}\}$. 下面我们证明 $\mathfrak{I}$ 是可列集. 作映射

$$f : \mathfrak{I} \to \mathbf{Q} \times \mathbf{Q}$$

使得 $f((a, b)) = (a, b)$ $((a, b) \in \mathfrak{I})$, 容易检验 f 是 $\mathfrak{I}$ 到 $\mathbf{Q} \times \mathbf{Q}$ 的单射, 从而 $\mathfrak{I}$ 和 f 的值域 $R(f)$ 是对等的. 由于 $R(f)$ 是 $\mathbf{Q} \times \mathbf{Q}$ 的无限子集且 $\mathbf{Q} \times \mathbf{Q}$ 是可列集, 从而 $R(f)$ 是可列集, 于是 $\mathfrak{I}$ 也是可列集. ∎

例 10　设 n 是一个正整数, 则

$$\mathfrak{I} = \{(a_1, b_1) \times \cdots \times (a_n, b_n) : a_i < b_i \text{ 且 } a_i, b_i \in \mathbf{Q}\, (1 \leqslant i \leqslant n)\}$$

是可列集. 作映射

$$f : \mathfrak{I} \to \mathbf{Q}^{2n},$$

使得 $f((a_1, b_1) \times \cdots \times (a_n, b_n)) = (a_1, b_1, \cdots, a_n, b_n)$ $((a_1, b_1) \times \cdots \times (a_n, b_n) \in \mathfrak{I})$, 容易检验 f 是 $\mathfrak{I}$ 到 $\mathbf{Q}^{2n}$ 的单射, 从而 $\mathfrak{I}$ 和 f 的值域 $R(f)$ 是对等的. 由于 $R(f)$ 是 $\mathbf{Q}^{2n}$ 的无限子集且 $\mathbf{Q}^{2n}$ 是可列集, 从而 $R(f)$ 是可列集, 于是 $\mathfrak{I}$ 也是可列集. ∎

例 11 可列集的有限子集的全体是可列集. 设 A 是一个可列集, 记 $\mathfrak{I}$ 是 A 的有限子集的全体. 对每个正整数 k, 记 $\mathfrak{I}_k$ 为由 A 中 k 个元素组成的子集的全体, 则 $\mathfrak{I} = \bigcup_{k=0}^{\infty} \mathfrak{I}_k$, 其中 $\mathfrak{I}_0 = \{\varnothing\}$. 下面我们证明每个 $\mathfrak{I}_k$ $(k \geqslant 1)$ 都是可列集, 从而 $\mathfrak{I} = \bigcup_{k=0}^{\infty} \mathfrak{I}_k$ 是可列集. 由于 A 是一个可列集, 从而 A 中的元素可以既无重复又无遗漏地排成一个无穷序列

$$A = \{a_1, a_2, \cdots, a_n, \cdots\}.$$

对每个 $B \in \mathfrak{I}_k$, 不妨设 $B = \{a_{i_1}, \cdots, a_{i_k}\}$, 其中 $i_1 < \cdots < i_k$, 作映射

$$f: \mathfrak{I}_k \to \mathbb{N}^{*k}$$

使得 $f(B) = (i_1, \cdots, i_k)$, 容易检验 f 是 $\mathfrak{I}_k$ 到 $\mathbb{N}^{*k}$ 的单射, 从而 $\mathfrak{I}_k$ 和 f 的值域 $R(f)$ 是对等的. 由于 $R(f)$ 是 $\mathbb{N}^{*k}$ 的无限子集且 $\mathbb{N}^{*k}$ 是可列集, 从而 $R(f)$ 是可列集, 于是 $\mathfrak{I}_k$ 也是可列集. ∎

例 12 若 $\mathfrak{I} = \{I_\alpha : \alpha \in \Lambda\}$ 是直线上一族互不相交的区间所成的集合, 则 $\mathfrak{I}$ 是可数集. 对每个 $I_\alpha \in \mathfrak{I}$, 在其中任意选取一个有理数记为 r_α. 作映射 $f: \mathfrak{I} \to \mathbb{Q}$ 使得 $f(I_\alpha) = r_\alpha$. 由于当 $I_\alpha \neq I_\beta$ 时, $I_\alpha \bigcap I_\beta = \varnothing$, 从而 $r_\alpha \neq r_\beta$, 因此 f 是 $\mathfrak{I}$ 到 $\mathbb{Q}$ 的单射, 因此 $\mathfrak{I}$ 和 f 的值域 $R(f)$ 是对等的. 由于 $R(f)$ 是 $\mathbb{Q}$ 的子集且 $\mathbb{Q}$ 是可列集, 从而 $R(f)$ 是可数集, 于是 $\mathfrak{I}$ 也是可数集. ∎

例 13 设 f 是定义在 (a, b) 上的单调函数, 则 f 的间断点的全体是可数集. 记 A 为 f 的间断点的全体.

情形 1. f 在 (a, b) 上单调增加.

我们分五步去证明 A 为可数集.

第一步, 我们证明对任意的 $x_0 \in (a, b)$, f 在 x_0 处的左极限 $f(x_0 - 0)$

以及右极限 $f(x_0+0)$ 都存在且有限，此外

$$f(x_0-0)=\sup\{f(x):a<x<x_0\},\ f(x_0+0)=\inf\{f(x):x_0<x<b\}.$$

显然非空数集 $\{f(x):a<x<x_0\}$ 有上界 $f(x_0)$，非空数集 $\{f(x):x_0<x<b\}$ 有下界 $f(x_0)$，由确界存在定理知 $\sup\{f(x):a<x<x_0\}$ 存在且有限，$\inf\{f(x):x_0<x<b\}$ 存在且有限．下面我们证明

$$f(x_0-0)=\sup\{f(x):a<x<x_0\},\ f(x_0+0)=\inf\{f(x):x_0<x<b\}.$$

我们先证明 $f(x_0-0)=\sup\{f(x):a<x<x_0\}$．

设 ε 是任意一个正数，下证存在 $\delta>0$ 便得当 $x\in(x_0-\delta,x_0)$ 时有

$$\sup\{f(x):a<x<x_0\}-\varepsilon<f(x)<\sup\{f(x):a<x<x_0\}+\varepsilon.$$

由上确界的定义知，存在 $x_1\in(a,x_0)$ 使得

$$\sup\{f(x):a<x<x_0\}-\varepsilon<f(x_1),$$

我们选取 $0<\delta<x_0-x_1$，从而 $a<x_1<x_0-\delta<x_0$．当 $x\in(x_0-\delta,x_0)$ 时，$x_1<x$，由于 f 在 (a,b) 上单调增加，从而 $f(x_1)\leqslant f(x)$，因此

$$\sup\{f(x):a<x<x_0\}-\varepsilon<f(x)\leqslant\sup\{f(x):a<x<x_0\}<\sup\{f(x):a<x<x_0\}+\varepsilon.$$

我们再证明 $f(x_0+0)=\inf\{f(x):x_0<x<b\}$．

设 ε 是任意一个正数，下证存在 $\delta>0$ 使得当 $x\in(x_0,x_0+\delta)$ 时有

$$\inf\{f(x):x_0<x<b\}-\varepsilon<f(x)<\inf\{f(x):x_0<x<b\}+\varepsilon.$$

由下确界的定义知，存在 $x_1\in(x_0,b)$ 使得

$$f(x_1)<\inf\{f(x):x_0<x<b\}+\varepsilon.$$

我们选取 $0<\delta<x_1-x_0$，从而 $x_0<x_0+\delta<x_1<b$．当 $x\in(x_0,x_0+\delta)$ 时，$x<x_1$，由于 f 在 (a,b) 上单调增加，从而 $f(x)\leqslant f(x_1)$，因此

$$\inf\{f(x):x_0<x<b\}-\varepsilon<\inf\{f(x):x_0<x<b\}\leqslant f(x)<\inf\{f(x):x_0<x<b\}+\varepsilon.$$

第二步，我们证明对任意的 $x_0 \in A$，$f(x_0 - 0) < f(x_0 + 0)$．由第一步知 $f(x_0 - 0) \leqslant f(x_0) \leqslant f(x_0 + 0)$，注意到 x_0 是 f 的间断点，从而

$$f(x_0 - 0) < f(x_0 + 0) .$$

第三步，我们证明对任意的 $x_1, x_2 \in (a, b)$ 且 $x_1 < x_2$，

$$f(x_1 + 0) \leqslant f(x_2 - 0) .$$

由于 $a < x_1 < x_2 < b$，我们选取一个实数 z 使得 $a < x_1 < z < x_2 < b$．由第一步知 $f(x_1 + 0) = \inf\{f(x) : x_1 < x < b\}$，$f(x_2 - 0) = \sup\{f(x) : a < x < x_2\}$，从而

$$\inf\{f(x) : x_1 < x < b\} \leqslant f(z) \leqslant \sup\{f(x) : a < x < x_2\} ,$$

这表明 $f(x_1 + 0) \leqslant f(x_2 - 0)$．

第四步，我们证明对任意的 $x_1, x_2 \in A$ 且 $x_1 \neq x_2$，

$$(f(x_1 - 0), f(x_1 + 0)) \bigcap (f(x_2 - 0), f(x_2 + 0)) = \varnothing .$$

如果 $x_1 < x_2$，由第三步知 $f(x_1 + 0) \leqslant f(x_2 - 0)$，从而

$$(f(x_1 - 0), f(x_1 + 0)) \bigcap (f(x_2 - 0), f(x_2 + 0)) = \varnothing .$$

如果 $x_1 > x_2$，由第三步知 $f(x_2 + 0) \leqslant f(x_1 - 0)$，从而

$$(f(x_1 - 0), f(x_1 + 0)) \bigcap (f(x_2 - 0), f(x_2 + 0)) = \varnothing .$$

第五步，我们证明 A 为可数集．

记 $\mathfrak{I} = \{(f(x - 0), f(x + 0)) : x \in A\}$．由第四步知 $\mathfrak{I}$ 是直线上一族互不相交的有界开区间所成的集合，再由例 12 知 $\mathfrak{I}$ 是可数集．作映射

$$g : A \to \mathfrak{I}$$

使得 $g(x) = (f(x - 0), f(x + 0))$ $(x \in A)$．下面我们证明 g 是 A 到 $\mathfrak{I}$ 的双射．显然 g 是满射．接下来我们只需证明 g 是单射．当 $x_1, x_2 \in A$ 且 $x_1 \neq x_2$ 时，由第四步知 $(f(x_1 - 0), f(x_1 + 0)) \bigcap (f(x_2 - 0), f(x_2 + 0)) = \varnothing$，从而

$$(f(x_1 - 0), f(x_1 + 0)) \neq (f(x_2 - 0), f(x_2 + 0)) ,$$

这表明 g 是单射，因此 A 和 $\Im$ 对等．由于 $\Im$ 是可数集，从而 A 为可数集．

情形 2. f 在 (a, b) 上单调减少．

仿照情形 1 的证明过程，类似地可以得到如下的事实：

（1）对任意的 $x_0 \in (a, b)$，f 在 x_0 处的左极限 $f(x_0 - 0)$ 以及右极限 $f(x_0 + 0)$ 都存在且有限，此外

$$f(x_0 - 0) = \inf \{f(x) : a < x < x_0\}, f(x_0 + 0) = \sup \{f(x) : x_0 < x < b\} .$$

（2）对任意的 $x_0 \in A$，$f(x_0 - 0) > f(x_0 + 0)$．

（3）对任意的 $x_1, x_2 \in (a, b)$ 且 $x_1 < x_2$，$f(x_1 + 0) \geqslant f(x_2 - 0)$．

（4）对任意的 $x_1, x_2 \in A$ 且 $x_1 \neq x_2$，

$$(f(x_1 + 0), f(x_1 - 0)) \bigcap (f(x_2 + 0), f(x_2 - 0)) = \varnothing .$$

记 $\Re = \{(f(x + 0), f(x - 0)) : x \in A\}$．由（4）知 $\Re$ 是直线上一族互不相交的有界开区间所成的集合，再由例 12 知 $\Re$ 是可数集．作映射

$$h : A \to \Re$$

使得 $h(x) = (f(x + 0), f(x - 0))$ $(x \in A)$．容易检验 h 是 A 到 $\Re$ 的双射，因此 A 和 $\Re$ 对等．由于 $\Re$ 是可数集，从而 A 为可数集．■

习题 1.2

1. 设 A 是无限集，B 是可列集. 证明若存在一个 A 到 B 的单射，则 A 是可列集.

2. 证明整系数多项式的全体是可列集.

3. 证明 $\{a+ib: a, b \in \mathbb{Q}\}$ 是可列集，其中 i 为虚数单位.

4. 设 f 是定义在 $\mathbb{R}$ 上的实值函数且满足：对任意的 $x_0 \in \mathbb{R}$，存在 $\delta > 0$ 使得当 $|x-x_0| < \delta$ 时有 $f(x) \geqslant f(x_0)$，则 f 的值域 $R(f)$ 是可数集.（提示：对任意 $y \in R(f)$，存在 $x \in \mathbb{R}$ 使得 $y = f(x)$. 依题设可知，存在 $\delta > 0$ 使得 y 是 f 在区间 $[x-\delta, x+\delta]$ 上的最小值. 我们取有理数 r_1, r_2 使得 $x-\delta < r_1 < x < r_2 < x+\delta$，且令 y 与区间 (r_1, r_2) 对应.）

1.3 $\mathbb{R}^n$ 中的点集

由于 n 维欧几里得空间 $\mathbb{R}^n$ 具有丰富的结构，因此在 $\mathbb{R}^n$ 中具有丰富多样的点集. 本节将介绍 $\mathbb{R}^n$ 中的一些常见的点集. 介绍这方面的内容，主要是为后面测度与积分的理论作准备.

1.3.1 $\mathbb{R}^n$ 上的距离

设 n 是一个正整数. 由有序 n 元实数组的全体所成的集合 $\mathbb{R}^n$ 称为 n 维欧几里得空间，即

$$\mathbb{R}^n = \left\{x = (x_1, \cdots, x_n): x_1, \cdots, x_n \in \mathbb{R}\right\}.$$

熟知 $\mathbb{R}^n$ 按照如下的加法和数乘运算成为实数域 $\mathbb{R}$ 上的一个 n 维线性空间

$$(x_1, \cdots, x_n) + (y_1, \cdots, y_n) = (x_1 + y_1, \cdots, x_n + y_n),$$

$$\lambda(x_1, \cdots, x_n) = (\lambda x_1, \cdots, \lambda x_n).$$

称 $x = (x_1, \cdots, x_n)$ 为 $\mathbb{R}^n$ 中的点或者向量，称 $x_i \, (i = 1, 2, \cdots, n)$ 为 x 的第 i 个坐标. 对 $\mathbb{R}^n$ 中的任意两点 $x = (x_1, \cdots, x_n)$ 和 $y = (y_1, \cdots, y_n)$，定义这两点之间的距离为

$$d(x, y) = \sqrt{\sum_{i=1}^{n} (x_i - y_i)^2}.$$

由上式定义的 $\mathbb{R}^n$ 上的距离具有以下性质：

（1）正定性：$0 \leqslant d(x, y) < +\infty \, (\forall x, y \in \mathbb{R}^n)$，并且 $d(x, y) = 0$ 当且仅当 $x = y$.

（2）对称性：$d(x, y) = d(y, x) \, (\forall x, y \in \mathbb{R}^n)$.

（3）三角不等式：$d(x, y) \leqslant d(x, z) + d(z, y) \, (\forall x, y, z \in \mathbb{R}^n)$.
其中，性质（1）和性质（2）是显然的. 下面我们证明性质（3）.

设 $x = (x_1, \cdots, x_n), y = (y_1, \cdots, y_n), z = (z_1, \cdots, z_n) \in \mathbb{R}^n$，我们只需证明

$$\sqrt{\sum_{i=1}^{n} (x_i - y_i)^2} \leqslant \sqrt{\sum_{i=1}^{n} (x_i - z_i)^2} + \sqrt{\sum_{i=1}^{n} (z_i - y_i)^2}.$$

对每个 $1 \leqslant i \leqslant n$，记 $a_i = x_i - z_i, b_i = z_i - y_i$，则 $a_i + b_i = x_i - y_i$，从而我们只需证明

$$\sqrt{\sum_{i=1}^{n} (a_i + b_i)^2} \leqslant \sqrt{\sum_{i=1}^{n} a_i^2} + \sqrt{\sum_{i=1}^{n} b_i^2}.$$

注意到 $\sqrt{\sum_{i=1}^{n} (a_i + b_i)^2} \leqslant \sqrt{\sum_{i=1}^{n} a_i^2} + \sqrt{\sum_{i=1}^{n} b_i^2}$ 当且仅当

$$\sum_{i=1}^{n} (a_i + b_i)^2 \leqslant \left(\sqrt{\sum_{i=1}^{n} a_i^2} + \sqrt{\sum_{i=1}^{n} b_i^2} \right)^2,$$

$$\sum_{i=1}^{n}(a_i+b_i)^2 \leqslant (\sqrt{\sum_{i=1}^{n}a_i{}^2} + \sqrt{\sum_{i=1}^{n}b_i{}^2})^2 \text{ 当且仅当 } \sum_{i=1}^{n}a_ib_i \leqslant \sqrt{\sum_{i=1}^{n}a_i{}^2} \cdot \sqrt{\sum_{i=1}^{n}b_i{}^2},$$

从而我们只需证明

$$\sum_{i=1}^{n}a_ib_i \leqslant \sqrt{\sum_{i=1}^{n}a_i{}^2} \cdot \sqrt{\sum_{i=1}^{n}b_i{}^2}.$$

注意到 $\sum_{i=1}^{n}a_ib_i \leqslant \left|\sum_{i=1}^{n}a_ib_i\right|$，我们只需证明 $\left|\sum_{i=1}^{n}a_ib_i\right| \leqslant \sqrt{\sum_{i=1}^{n}a_i{}^2} \cdot \sqrt{\sum_{i=1}^{n}b_i{}^2}$.

由于 $\left|\sum_{i=1}^{n}a_ib_i\right| \leqslant \sqrt{\sum_{i=1}^{n}a_i{}^2} \cdot \sqrt{\sum_{i=1}^{n}b_i{}^2}$ 当且仅当 $(\sum_{i=1}^{n}a_ib_i)^2 \leqslant \sum_{i=1}^{n}a_i{}^2 \cdot \sum_{i=1}^{n}b_i{}^2$，我们只需

证明

$$(\sum_{i=1}^{n}a_ib_i)^2 \leqslant \sum_{i=1}^{n}a_i{}^2 \cdot \sum_{i=1}^{n}b_i{}^2.$$

当 $\sum_{i=1}^{n}a_i{}^2=0$ 或者 $\sum_{i=1}^{n}b_i{}^2=0$ 时，$(\sum_{i=1}^{n}a_ib_i)^2=0$，此时 $(\sum_{i=1}^{n}a_ib_i)^2 = \sum_{i=1}^{n}a_i{}^2 \cdot \sum_{i=1}^{n}b_i{}^2 = 0$.

当 $\sum_{i=1}^{n}a_i{}^2 > 0$ 且 $\sum_{i=1}^{n}b_i{}^2 > 0$ 时，考虑一元二次函数

$$f(\lambda) = \sum_{i=1}^{n}(a_i+\lambda b_i)^2 = \sum_{i=1}^{n}a_i{}^2 + 2\lambda\sum_{i=1}^{n}a_ib_i + \lambda^2\sum_{i=1}^{n}b_i{}^2 \ (\lambda \in \mathbb{R}),$$

显然对任意的实数 λ 都有 $f(\lambda) \geqslant 0$，因此其判别式

$$\Delta = (2\sum_{i=1}^{n}a_ib_i)^2 - 4\sum_{i=1}^{n}a_i{}^2 \cdot \sum_{i=1}^{n}b_i{}^2 \leqslant 0,$$

由此得到 $(\sum_{i=1}^{n}a_ib_i)^2 \leqslant \sum_{i=1}^{n}a_i{}^2 \cdot \sum_{i=1}^{n}b_i{}^2$.

注：在上述证明过程中，我们实际上证明了如下的不等式：

Cauchy-Schwarz 不等式：设 $a_1,\cdots,a_n$ 和 $b_1,\cdots,b_n$ 是两组实数. 则

$$(\sum_{i=1}^{n} a_i b_i)^2 \leqslant \sum_{i=1}^{n} a_i^2 \cdot \sum_{i=1}^{n} b_i^2 .$$

对 $\mathbb{R}^n$ 中的任意一点 $x = (x_1, \cdots, x_n)$，定义 x 的范数为

$$\|x\| = \sqrt{\sum_{i=1}^{n} x_i^2} .$$

显然 $\|x\| = d(x, 0)$，其中 $0 = (0, \cdots, 0)$ 为 $\mathbb{R}^n$ 中的零向量. 此外

$$\|x - y\| = d(x, y) .$$

$\mathbb{R}^n$ 上的范数具有以下性质:

（1）正定性: $0 \leqslant \|x\| < +\infty \, (\forall x \in \mathbb{R}^n)$，并且 $\|x\| = 0$ 当且仅当 $x = 0$.

（2）齐次性: $\|\alpha x\| = |\alpha| \cdot \|x\| \, (\forall \alpha \in \mathbb{R}, \forall x \in \mathbb{R}^n)$.

（3）三角不等式: $\|x + y\| \leqslant \|x\| + \|y\| \, (\forall x, y \in \mathbb{R}^n)$.

其中性质（1）和性质（2）是显然的. 下面我们证明性质（3）.

设 $x, y \in \mathbb{R}^n$，从而

$$\begin{aligned}
\|x + y\| &= d(x, -y) \\
&\leqslant d(x, 0) + d(0, -y) \\
&= \|x\| + \|y\|.
\end{aligned}$$

利用 $\mathbb{R}^n$ 上的距离可以定义 $\mathbb{R}^n$ 中的点列的极限.

定义 1.13　设 $\{x_k\}$ 是 $\mathbb{R}^n$ 中的一个点列，$x \in \mathbb{R}^n$. 若

$$\lim_{k \to \infty} d(x_k, x) = 0 ,$$

则称 $\{x_k\}$ 收敛于 x，称 x 为 $\{x_k\}$ 的极限，记为 $\lim_{k \to \infty} x_k = x$，或者 $x_k \to x \, (k \to \infty)$.

在 $\mathbb{R}^n$ 中点列的收敛等价于按坐标收敛，即如果

$$x_k = (x_{k1}, \cdots, x_{kn}), \ x = (x_1, \cdots, x_n) ,$$

则 $\lim_{k \to \infty} x_k = x$ 的充要条件是对每个 $i = 1, \cdots, n$ 有 $\lim_{k \to \infty} x_{ki} = x_i$. 这是因为

$$\max_{1 \leqslant i \leqslant n} |x_{ki} - x_i| \leqslant d(x_k, x) \leqslant \sum_{i=1}^{n} |x_{ki} - x_i| .$$

设 A 和 B 是 $\mathbb{R}^n$ 的非空子集. 定义 A 与 B 的距离为

$$d(A,B) = \inf\{d(x,y) : x \in A, y \in B\} .$$

特别地, 若 $x \in \mathbb{R}^n$, 则称 $d(x,A) = \inf\{d(x,y) : y \in A\}$ 为 x 与 A 的距离.

设 A 是 $\mathbb{R}^n$ 的非空子集. 若存在实数 $M > 0$, 使得对任意的 $x \in A$ 有 $\|x\| \leqslant M$, 则称 A 是有界集. 规定空集是有界集.

现在定义 $\mathbb{R}^n$ 中一般的方体. 设 $I_1, \cdots, I_n$ 是实数集合 $\mathbb{R}$ 中的 (有界或无界) 区间. 称 $\mathbb{R}^n$ 的子集

$$I_1 \times \cdots \times I_n = \{(x_1, \cdots, x_n) : x_1 \in I_1, \cdots, x_n \in I_n\}$$

为 $\mathbb{R}^n$ 中的方体. 若每个 I_k 都是 (有界或无界) 开区间, 则称 $I_1 \times \cdots \times I_n$ 为开方体. 若每个 I_k 都是有界开区间, 则称 $I_1 \times \cdots \times I_n$ 为有界开方体. 若每个 I_k 都是 (有界或无界) 闭区间, 则称 $I_1 \times \cdots \times I_n$ 为闭方体. 若每个 I_k 都是有界闭区间, 则称 $I_1 \times \cdots \times I_n$ 为有界闭方体.

1.3.2 开集与闭集

定义 1.14 设 $x_0 \in \mathbb{R}^n, \varepsilon > 0$. 称集合

$$B(x_0, \varepsilon) = \{x \in \mathbb{R}^n : d(x, x_0) < \varepsilon\}$$

为一个以 x_0 为中心、以 ε 为半径的球形邻域, 简称为 x_0 的一个球形邻域, 有时也称为 x_0 的一个 ε – 邻域.

$\mathbb{R}$ 中每个点 x_0 的 ε – 邻域 $B(x_0, \varepsilon)$ 是一个以 x_0 为中心、以 ε 为半径的有限开区间 $(x_0 - \varepsilon, x_0 + \varepsilon)$, $\mathbb{R}^2$ 中每个点 $P_0 = (x_0, y_0)$ 的 ε – 邻域 $B(P_0, \varepsilon)$ 是一个以 P_0 为中心、以 ε 为半径的开圆盘

$$\{(x,y) \in \mathbb{R}^2 : \sqrt{(x-x_0)^2 + (y-y_0)^2} < \varepsilon\} ,$$

$\mathbb{R}^3$ 中每个点 $P_0 = (x_0, y_0, z_0)$ 的 ε – 邻域 $B(P_0, \varepsilon)$ 是一个以 P_0 为中心、以 ε

为半径的开球体

$$\{(x,y,z)\in\mathbb{R}^3:\sqrt{(x-x_0)^2+(y-y_0)^2+(z-z_0)^2}<\varepsilon\}.$$

定义 1.15　设 $A\subseteq\mathbb{R}^n$.

（1）若 $x_0\in A$，并且存在实数 $\varepsilon>0$ 使得 $B(x_0,\varepsilon)\subseteq A$，则称 x_0 为 A 的一个内点；

（2）若 A 中的每个点都是 A 的一个内点，则称 A 为 $\mathbb{R}^n$ 中的一个开集.

例 1　若 $x_0\in\mathbb{R}^n$，$\varepsilon>0$，则 x_0 的 ε – 邻域 $B(x_0,\varepsilon)$ 是 $\mathbb{R}^n$ 中的一个开集. 设 $x\subset B(x_0,\varepsilon)$，我们取 $0<\delta<\varepsilon-d(x,x_0)$，则 $B(x,\delta)\subseteq B(x_0,\varepsilon)$ （这是因为当 $y\in B(x,\delta)$ 时，$d(y,x_0)\leqslant d(y,x)+d(x,x_0)<\delta+d(x,x_0)<\varepsilon$ ），从而 $B(x_0,\varepsilon)$ 中的每个点都是 $B(x_0,\varepsilon)$ 的一个内点，于是 $B(x_0,\varepsilon)$ 是 $\mathbb{R}^n$ 中的一个开集. ■

例 2　设 a,b 是任意两个实数且 $a<b$，则有界开区间 (a,b) 是 $\mathbb{R}$ 中的一个开集. 设 $x\in(a,b)$，我们取 $0<\varepsilon<\min\{x-a,b-x\}$，则

$$(x-\varepsilon,x+\varepsilon)\subseteq(a,b),$$

从而 (a,b) 中的每个点都是 (a,b) 的一个内点，于是 (a,b) 是 $\mathbb{R}$ 中的一个开集. 类似地可以证明无界开区间 $(a,+\infty),(-\infty,a),(-\infty,+\infty)$ 都是 $\mathbb{R}$ 中的开集. ■

例 3　$\mathbb{R}^n$ 中的任意一个开方体都是 $\mathbb{R}^n$ 中的开集. 设 $I_1\times\cdots\times I_n$ 是 $\mathbb{R}^n$ 中的任意一个开方体，其中每个 I_k 都是（有界或无界）开区间. 下面我们证明 $I_1\times\cdots\times I_n$ 是 $\mathbb{R}^n$ 中的开集. 设 $x=(x_1,\cdots,x_n)\in I_1\times\cdots\times I_n$，下面我们证明存在实数 $\varepsilon>0$ 使得

$$B(x,\varepsilon)\subseteq I_1\times\cdots\times I_n$$

对每个 $1\leqslant k\leqslant n$，$x_k\in I_k$，由于 I_k 是开区间，由例 2 知 I_k 是 $\mathbb{R}$ 中的开集，从而存在实数 $\varepsilon_k>0$ 使得 $(x_k-\varepsilon_k,x_k+\varepsilon_k)\subseteq I_k$，因此

$$(x_1 - \varepsilon_1, x_1 + \varepsilon_1) \times \cdots \times (x_n - \varepsilon_n, x_n + \varepsilon_n) \subseteq I_1 \times \cdots \times I_n .$$

取 $0 < \varepsilon < \min\{\varepsilon_1, \cdots, \varepsilon_n\}$，显然 $B(x, \varepsilon) \subseteq (x_1 - \varepsilon_1, x_1 + \varepsilon_1) \times \cdots \times (x_n - \varepsilon_n, x_n + \varepsilon_n)$，

从而 $B(x, \varepsilon) \subseteq I_1 \times \cdots \times I_n$．因此 $x = (x_1, \cdots, x_n)$ 是 $I_1 \times \cdots \times I_n$ 的一个内点．

这表明 $I_1 \times \cdots \times I_n$ 是 $\mathbb{R}^n$ 中的开集．■

例 4 $\mathbb{R}^n$ 中的非空有限子集都不是 $\mathbb{R}^n$ 中的开集．这是因为若 A 是 $\mathbb{R}^n$ 的一个非空有限子集，则对任意的 $x \in A$，x 不是 A 的内点［用反证法．假设存在 $x \in A$ 使得 x 是 A 的一个内点，从而存在实数 $\varepsilon > 0$ 使得 $B(x, \varepsilon) \subseteq A$，由于 A 是一个非空有限子集，于是 $B(x, \varepsilon)$ 是有限集，这和 $B(x, \varepsilon)$ 是无限集相矛盾．］，因而 A 不是 $\mathbb{R}^n$ 中的开集．

■

定理 1.12 （开集的基本性质）开集具有如下的性质：

（1）空集 $\varnothing$ 和全空间 $\mathbb{R}^n$ 是开集．

（2）任意个开集的并集是开集．

（3）有限个开集的交集是开集．

证明 （1）显然．

（2）设 $\{A_\alpha\}_{\alpha \in I}$ 是 $\mathbb{R}^n$ 中的一族开集．若 $x \in \bigcup_{\alpha \in I} A_\alpha$，则存在 $\alpha \in I$ 使得 $x \in A_\alpha$．因为 A_α 是开集，存在 x 的一个 $\varepsilon -$ 邻域 $B(x, \varepsilon)$ 使得 $B(x, \varepsilon) \subseteq A_\alpha$．于是更加有 $B(x, \varepsilon) \subseteq \bigcup_{\alpha \in I} A_\alpha$．因此 x 是 $\bigcup_{\alpha \in I} A_\alpha$ 的一个内点．这表明 $\bigcup_{\alpha \in I} A_\alpha$ 是开集．

（3）设 $A_1, \cdots, A_k$ 是开集．若 $x \in \bigcap_{i=1}^{k} A_i$，则 $x \in A_i$ $(i = 1, \cdots, k)$．因为每个 A_i 是开集，存在 $\varepsilon_i > 0$ 使得 $B(x, \varepsilon_i) \subseteq A_i$．令 $\varepsilon = \min\{\varepsilon_1, \cdots, \varepsilon_k\}$．则 $\varepsilon > 0$ 并且 $B(x, \varepsilon) \subseteq \bigcap_{i=1}^{k} B(x, \varepsilon_i) \subseteq \bigcap_{i=1}^{k} A_i$．因此 x 是 $\bigcap_{i=1}^{k} A_i$ 的一个内点．这表明 $\bigcap_{i=1}^{k} A_i$ 是开集．■

注意，无限个开集的交集不一定是开集．例如对每个正整数 n，开区间 $(-\dfrac{1}{n},\dfrac{1}{n})$ 是 $\mathbb{R}$ 中的开集（见例 2）．但是 $\bigcap\limits_{n=1}^{\infty}(-\dfrac{1}{n},\dfrac{1}{n})=\{0\}$ 不是 $\mathbb{R}$ 中的开集（见例 4）．

定义 1.16　设 $A\subseteq\mathbb{R}^n$．

（1）设 $x_0\in\mathbb{R}^n$．若对任意 $\varepsilon>0$，$B(x_0,\varepsilon)\bigcap(A\setminus\{x_0\})\neq\varnothing$，则称 x_0 为 A 的一个凝聚点．

（2）由 A 的凝聚点的全体所成的集合称为 A 的导集，记为 $d(A)$．

（3）若 $d(A)\subseteq A$，则称 A 为 $\mathbb{R}^n$ 中的一个闭集．

（4）集合 $A\bigcup d(A)$ 称为 A 的闭包，记为 $\overline{A}$．

例 5　$\mathbb{R}^n$ 中的非空有限子集都是 $\mathbb{R}^n$ 中的闭集．这是因为若 $A=\{x_1,\cdots,x_k\}$ 是 $\mathbb{R}^n$ 的一个非空有限子集，则 $d(A)=\varnothing$（用反证法．假设 $d(A)\neq\varnothing$，在 $d(A)$ 中任取一个元素，记为 x，从而对任意 $\varepsilon>0$，$B(x,\varepsilon)\bigcap(A\setminus\{x\})\neq\varnothing$．如果 $x\notin A$，取 $\delta=\min\limits_{1\leqslant i\leqslant k}d(x,x_i)>0$，从而

$$B(x,\delta)\bigcap(A\setminus\{x\})=\varnothing,$$

这和 $B(x,\delta)\bigcap(A\setminus\{x\})\neq\varnothing$ 矛盾．如果 $x\in A$，则存在某个正整数 $i\in\{1,\cdots,k\}$ 使得 $x=x_i$，取 $\delta=\min\limits_{\substack{1\leqslant j\leqslant k\\ j\neq i}}d(x,x_j)>0$，从而

$$B(x,\delta)\bigcap(A\setminus\{x\})=\varnothing,$$

这和 $B(x,\delta)\bigcap(A\setminus\{x\})\neq\varnothing$ 矛盾．因而 $d(A)=\varnothing\subseteq A$，这表明 A 是 $\mathbb{R}^n$ 中的一个闭集．■

定理 1.13　设 $A\subseteq\mathbb{R}^n$．则 A 是 $\mathbb{R}^n$ 中的一个闭集当且仅当 $A=\overline{A}$．

证明　A 是 $\mathbb{R}^n$ 中的一个闭集

$$\Leftrightarrow d(A)\subseteq A$$

$$\Leftrightarrow A \bigcup d(A) = A$$

$$\Leftrightarrow \overline{A} = A . \blacksquare$$

定理 1.14 （开集与闭集的对偶性）设 $A \subseteq \mathbb{R}^n$. 则 A 是 $\mathbb{R}^n$ 中的一个闭集当且仅当 A^C 是 $\mathbb{R}^n$ 中的一个开集.

证明 必要性. 设 A 是 $\mathbb{R}^n$ 中的一个闭集, 则对任意的 $x \in A^C$, x 不是 A 的凝聚点, 因此存在实数 $\varepsilon > 0$ 使得 $B(x, \varepsilon) \bigcap (A \setminus \{x\}) = \varnothing$. 由于 $x \in A^C$, 从而 $A \setminus \{x\} = A$, 于是 $B(x, \varepsilon) \bigcap A = \varnothing$, 这就是说 $B(x, \varepsilon) \subseteq A^C$. 因此 x 是 A^C 的一个内点. 这就证明了 A^C 是 $\mathbb{R}^n$ 中的一个开集.

充分性. 设 A^C 是 $\mathbb{R}^n$ 中的一个开集. 则对任意的 $x \in A^C$, 存在实数 $\varepsilon > 0$ 使得 $B(x, \varepsilon) \subseteq A^C$, 于是 $B(x, \varepsilon) \bigcap (A \setminus \{x\}) = B(x, \varepsilon) \bigcap A = \varnothing$, 因此 x 不是 A 的凝聚点. 这表明 A 的凝聚点全部在 A 中, 即 $d(A) \subseteq A$. 因此 A 是 $\mathbb{R}^n$ 中的一个闭集. $\blacksquare$

由于 A 与 A^C 互为补集, 将定理 1.14 的结论用到 A^C 上即知, A 是 $\mathbb{R}^n$ 中的一个开集当且仅当 A^C 是 $\mathbb{R}^n$ 中的一个闭集.

例 6 设 a, b 是任意两个实数且 $a < b$, 则有界闭区间 $[a, b]$ 是 $\mathbb{R}$ 中的一个闭集. 由定理 1.14, 我们只需证明 $\mathbb{R} \setminus [a, b]$ 是 $\mathbb{R}$ 中的一个开集. 注意到 $\mathbb{R} \setminus [a, b] = (-\infty, a) \bigcup (b, +\infty)$, 由例 2 知 $(-\infty, a)$ 和 $(b, +\infty)$ 都是 $\mathbb{R}$ 中的开集, 再由定理 1.12 知 $(-\infty, a) \bigcup (b, +\infty)$ 也是 $\mathbb{R}$ 中的一个开集, 从而 $\mathbb{R} \setminus [a, b]$ 是 $\mathbb{R}$ 中的一个开集. 类似地可以证明无界闭区间 $[a, +\infty), (-\infty, a], (-\infty, +\infty)$ 都是 $\mathbb{R}$ 中的闭集. $\blacksquare$

由定理 1.12 和定理 1.14 并利用 De Morgan 公式, 立即可以得到闭集的基本性质.

定理 1.15 （闭集的基本性质）闭集具有如下的性质:

（1）空集 $\varnothing$ 和全空间 $\mathbb{R}^n$ 是闭集.

（2）有限个闭集的并集是闭集．

（3）任意个闭集的交集是闭集．

证明　（1）由定理 1.12 知空集 $\varnothing$ 和 $\mathbb{R}^n$ 是开集，再由定理 1.14 知 $\mathbb{R}^n \setminus \varnothing$ 和 $\mathbb{R}^n \setminus \mathbb{R}^n$ 是闭集，从而 $\mathbb{R}^n$ 和空集 $\varnothing$ 是闭集．

（2）设 $A_1, \cdots, A_k$ 是闭集．由定理 1.14 知 $A_1^C, \cdots, A_k^C$ 是开集，再由定理 1.12 知 $\bigcap\limits_{i=1}^{k} A_i^C$ 是开集．由 De Morgan 公式，$\bigcap\limits_{i=1}^{k} A_i^C = (\bigcup\limits_{i=1}^{k} A_i)^C$，从而 $(\bigcup\limits_{i=1}^{k} A_i)^C$ 是开集．最后由定理 1.14 知 $\bigcup\limits_{i=1}^{k} A_i$ 是闭集．

（3）设 $\{A_\alpha\}_{\alpha \in I}$ 是 $\mathbb{R}^n$ 中的一族闭集．由定理 1.14 知对每个 $\alpha \in I$，A_α^C 是开集．再由定理 1.12 知 $\bigcup\limits_{\alpha \in I} A_\alpha^C$ 是开集，由 De Morgan 公式，$\bigcup\limits_{\alpha \in I} A_\alpha^C = (\bigcap\limits_{\alpha \in I} A_\alpha)^C$，从而 $(\bigcap\limits_{\alpha \in I} A_\alpha)^C$ 是开集．最后由定理 1.14 知 $\bigcap\limits_{\alpha \in I} A_\alpha$ 是闭集．∎

注意，无限个闭集的并集不一定是闭集．例如对每个正整数 n，闭区间 $[0, 1 - \frac{1}{2n}]$ 是 $\mathbb{R}$ 中的闭集（见例 6）．但是 $\bigcup\limits_{n=1}^{\infty} [0, 1 - \frac{1}{2n}] = [0, 1)$ 不是 $\mathbb{R}$ 中的闭集（由于 1 是 $[0, 1)$ 的一个凝聚点，但 $1 \notin [0, 1)$，从而 $[0, 1)$ 不是 $\mathbb{R}$ 中的闭集）．

定理 1.16　设 $A \subseteq \mathbb{R}^n$．则以下陈述是等价的：

（1）$x \in d(A)$；

（2）存在 A 中的点列 $\{x_k\}$，使得每个 $x_k \neq x$ 并且 $\lim\limits_{k \to \infty} x_k = x$．

证明　（1）$\Rightarrow$（2）．设（1）成立，则对每个正整数 k，

$$B(x, \frac{1}{k}) \bigcap (A \setminus \{x\}) \neq \varnothing,$$

任取 $x_k \in B(x, \frac{1}{k}) \bigcap (A \setminus \{x\})$，则 $\{x_k\}$ 是 A 中的点列并且每个 $x_k \neq x$．由于 $d(x_k, x) < \frac{1}{k}$，因此 $\lim\limits_{k \to \infty} d(x_k, x) = 0$，这表明 $\lim\limits_{k \to \infty} x_k = x$．

（2）$\Rightarrow$（1）．设（2）成立．下面我们证明 $x \in d(A)$ ．设 ε 是任意一个正数，下面我们证明 $B(x, \varepsilon) \bigcap (A \setminus \{x\}) \neq \emptyset$ ．由于（2）成立，从而存在 A 中的点列 $\{x_k\}$，使得每个 $x_k \neq x$ 并且 $\lim\limits_{k \to \infty} x_k = x$，于是存在一个正整数 N 使得当 $k > N$ 时有 $d(x_k, x) < \varepsilon$，因此 $x_{N+1} \in B(x, \varepsilon) \bigcap (A \setminus \{x\})$，这表明 $B(x, \varepsilon) \bigcap (A \setminus \{x\}) \neq \emptyset$ ．∎

定理 1.17 设 $A \subseteq \mathbb{R}^n$ ．则以下陈述是等价的：

（1）$x \in \overline{A}$ ．

（2）对任意 $\varepsilon > 0$，$B(x, \varepsilon) \bigcap A \neq \emptyset$ ．

（3）存在 A 中的点列 $\{x_k\}$ 使得 $\lim\limits_{k \to \infty} x_k = x$ ．

证明 （1）$\Rightarrow$（2）．设（1）成立，则 $x \in A$ 或者 $x \in d(A)$ ．如果 $x \in A$，则对任意 $\varepsilon > 0$，$x \in B(x, \varepsilon) \bigcap A$，从而 $B(x, \varepsilon) \bigcap A \neq \emptyset$ ．如果 $x \in d(A)$，则对任意 $\varepsilon > 0$，$B(x, \varepsilon) \bigcap (A \setminus \{x\}) \neq \emptyset$，从而 $B(x, \varepsilon) \bigcap A \neq \emptyset$ ．

（2）$\Rightarrow$（3）．设（2）成立，则对每个正整数 k，$B(x, \frac{1}{k}) \bigcap A \neq \emptyset$，

任取 $x_k \in B(x, \frac{1}{k}) \bigcap A$，则 $\{x_k\}$ 是 A 中的点列．由于 $d(x_k, x) < \frac{1}{k}$，因此 $\lim\limits_{k \to \infty} d(x_k, x) = 0$，这表明 $\lim\limits_{k \to \infty} x_k = x$ ．

（3）$\Rightarrow$（1）．设（3）成立，则存在 A 中的点列 $\{x_k\}$ 使得 $\lim\limits_{k \to \infty} x_k = x$ ．如果存在某个正整数 k_0 使得 $x_{k_0} = x$，此时 $x \in A$ ．如果每个 $x_k \neq x$，由定理 1.16 知 $x \in d(A)$ ．∎

定理 1.18 设 $A \subseteq \mathbb{R}^n$，则 A 是 $\mathbb{R}^n$ 中的一个闭集当且仅当 A 中任意收敛点列的极限属于 A ．

证明 必要性．设 A 是 $\mathbb{R}^n$ 中的一个闭集．若 $\{x_k\}$ 是 A 中的点列并且 $\lim\limits_{k \to \infty} x_k = x$，则由定理 1.17 知 $x \in \overline{A}$ ．由于 A 是 $\mathbb{R}^n$ 中的一个闭集，由定理 1.13 知 $\overline{A} = A$ ．因此 $x \in A$ ．

充分性. 设 $x \in d(A)$. 由定理 1.16 知, 存在 A 中的点列 $\{x_k\}$, 使得每个 $x_k \ne x$ 并且 $\lim\limits_{k \to \infty} x_k = x$. 由假定条件, 此时 $x \in A$. 这表明 $d(A) \subseteq A$. 因此 A 是 $\mathbb{R}^n$ 中的一个闭集. ■

定理 1.18 反映了闭集的本质特征, 以后会经常用到.

例 7　$\mathbb{R}^n$ 中的任意一个闭方体都是 $\mathbb{R}^n$ 中的闭集. 设 $I_1 \times \cdots \times I_n$ 是 $\mathbb{R}^n$ 中的任意一个闭方体, 其中每个 I_k 都是 (有界或无界) 闭区间. 下面我们证明 $I_1 \times \cdots \times I_n$ 是 $\mathbb{R}^n$ 中的闭集. 由定理 1.18, 我们只需证明 $I_1 \times \cdots \times I_n$ 中任意收敛点列的极限属于 $I_1 \times \cdots \times I_n$. 设 $\{x_k\}_{k=1}^{\infty}$ 是 $I_1 \times \cdots \times I_n$ 中的点列并且 $\lim\limits_{k \to \infty} x_k = x$. 下面我们证明 $x \in I_1 \times \cdots \times I_n$. 记

$$x_k = (x_{k1}, \cdots, x_{kn}), \ x = (x_1, \cdots, x_n),$$

由于 $\lim\limits_{k \to \infty} x_k = x$, 从而对每个 $i = 1, \cdots, n$ 有 $\lim\limits_{k \to \infty} x_{ki} = x_i$. 注意到 $\{x_{ki}\}_{k=1}^{\infty}$ 是 I_i 中的点列并且 I_i 是闭区间, 由例 6 和定理 1.18 知 $x_i \in I_i$. 因此 $x \in I_1 \times \cdots \times I_n$. ■

1.3.3　$\mathbb{R}^n$ 上的连续函数

在实变函数中经常要讨论定义在 $\mathbb{R}^n$ 的任意非空子集 E 上的连续函数.

定义 1.17　设 E 是 $\mathbb{R}^n$ 的非空子集, $f: E \to \mathbb{R}$ 是定义在 E 上的实值函数. 又设 $x_0 \in E$, 若对于任意给定的 $\varepsilon > 0$, 存在相应的 $\delta > 0$, 使得当 $x \in E$ 并且 $d(x, x_0) < \delta$ 时, 有

$$\left| f(x) - f(x_0) \right| < \varepsilon,$$

则称 f 在 x_0 处连续. 若 f 在 E 上的每一点处都连续, 则称 f 在 E 上连续.

例 8　设 E 是 $\mathbb{R}^n$ 的非空子集, $x_0 \in E$, $f: E \to \mathbb{R}$ 是定义在 E 上的实值函数并且 f 在 x_0 处连续, $c \in \mathbb{R}$.

（1）如果 $f(x_0) > c$, 则存在 $\delta > 0$ 使得当 $x \in E \bigcap B(x_0, \delta)$ 时有

$f(x) > c$. 这是由于 f 在 x_0 处连续，从而对 $\varepsilon = f(x_0) - c > 0$，存在相应的 $\delta > 0$，使得当 $x \in E$ 并且 $d(x, x_0) < \delta$ 时，有 $f(x_0) - \varepsilon < f(x) < f(x_0) + \varepsilon$，于是当 $x \in E \bigcap B(x_0, \delta)$ 时有 $f(x) > c$.

（2）如果 $f(x_0) < c$，则存在 $\delta > 0$ 使得当 $x \in E \bigcap B(x_0, \delta)$ 时有 $f(x) < c$. 这是由于 f 在 x_0 处连续，从而对 $\varepsilon = c - f(x_0) > 0$，存在相应的 $\delta > 0$，使得当 $x \in E$ 并且 $d(x, x_0) < \delta$ 时，有 $f(x_0) - \varepsilon < f(x) < f(x_0) + \varepsilon$，于是当 $x \in E \bigcap B(x_0, \delta)$ 时有 $f(x) < c$. ∎

例 9 设 E 是 $\mathbb{R}^n$ 的非空子集，$f: E \to \mathbb{R}$ 是定义在 E 上的连续函数，则

（1）对任意实数 a，存在 $\mathbb{R}^n$ 中的开集 G 使得

$$\{x \in E : f(x) > a\} = E \bigcap G.$$

（2）对任意实数 a，存在 $\mathbb{R}^n$ 中的开集 G 使得

$$\{x \in E : f(x) < a\} = E \bigcap G.$$

（3）对任意实数 a，存在 $\mathbb{R}^n$ 中的闭集 F 使得

$$\{x \in E : f(x) \geqslant a\} = E \bigcap F.$$

（4）对任意实数 a，存在 $\mathbb{R}^n$ 中的闭集 F 使得

$$\{x \in E : f(x) \leqslant a\} = E \bigcap F.$$

证明 （1）设 a 是任意一个实数. 记 $E_a = \{x \in E : f(x) > a\}$. 若 $x \in E_a$，则 $x \in E$ 并且 $f(x) > a$. 由于 f 在点 x 处连续，由例 8 知存在 $\delta_x > 0$ 使得当 $z \in E \bigcap B(x, \delta_x)$ 时有 $f(z) > a$. 换言之 $E \bigcap B(x, \delta_x) \subseteq E_a$.

令 $G = \bigcup\limits_{x \in E_a} B(x, \delta_x)$，则 G 是一族开集的并集，因而 G 是 $\mathbb{R}^n$ 中的一个开集. 下面我们证明 $E_a = E \bigcap G$. 一方面，显然 $E_a \subseteq G$ 并且 $E_a \subseteq E$，因此 $E_a \subseteq E \bigcap G$. 另一方面，对任意的 $x \in E_a$，$E \bigcap B(x, \delta_x) \subseteq E_a$，因此

$E \bigcap G = \bigcup\limits_{x \in E_a} E \bigcap B(x, \delta_x) \subseteq E_a$. 这就证明了 $\{x \in E : f(x) > a\} = E \bigcap G$.

（2）设 a 是任意一个实数．记 $E_a = \{x \in E : f(x) < a\}$ ．若 $x \in E_a$ ，则 $x \in E$ 并且 $f(x) < a$ ．由于 f 在点 x 处连续，由例 8 知存在 $\delta_x > 0$ 使得当 $z \in E \bigcap B(x, \delta_x)$ 时有 $f(z) < a$ ．换言之

$$E \bigcap B(x, \delta_x) \subseteq E_a .$$

令 $G = \bigcup\limits_{x \in E_a} B(x, \delta_x)$ ，则 G 是一族开集的并集，因而 G 是 $\mathbb{R}^n$ 中的一个开集．下面我们证明 $E_a = E \bigcap G$ ．一方面，显然 $E_a \subseteq G$ 并且 $E_a \subseteq E$ ，因此 $E_a \subseteq E \bigcap G$ ．另一方面，对任意的 $x \in E_a$ ， $E \bigcap B(x, \delta_x) \subseteq E_a$ ，因此 $E \bigcap G = \bigcup\limits_{x \in E_a} E \bigcap B(x, \delta_x) \subseteq E_a$ ．这就证明了 $\{x \in E : f(x) < a\} = E \bigcap G$ ．

（3）设 a 是任意一个实数．由（2）知存在 $\mathbb{R}^n$ 中的开集 G 使得

$$\{x \in E : f(x) < a\} = E \bigcap G ,$$

从而 $\{x \in E : f(x) \geqslant a\} = E \backslash \{x \in E : f(x) < a\} = E \backslash (E \bigcap G) = E \bigcap G^C$ ．记 $F = G^C$ ，由于 G 是开集，从而 F 是闭集并且 $\{x \in E : f(x) \geqslant a\} = E \bigcap F$ ．

（4）设 a 是任意一个实数．由（1）知存在 $\mathbb{R}^n$ 中的开集 G 使得

$$\{x \in E : f(x) > a\} = E \bigcap G ,$$

从而 $\{x \in E : f(x) \leqslant a\} = E \backslash \{x \in E : f(x) > a\} = E \backslash (E \bigcap G) = E \bigcap G^C$ ．记 $F = G^C$ ，由于 G 是开集，从而 F 是闭集并且 $\{x \in E : f(x) \leqslant a\} = E \bigcap F$ ．∎

在例 9 中如果我们取 $E = \mathbb{R}^n$ ，就得到如下的例 10.

例 10　设 $f : \mathbb{R}^n \to \mathbb{R}$ 是定义在 $\mathbb{R}^n$ 上的连续函数，则

（1）对任意实数 a ， $\{x \in \mathbb{R}^n : f(x) > a\}$ 是 $\mathbb{R}^n$ 中的开集．

（2）对任意实数 a ， $\{x \in \mathbb{R}^n : f(x) < a\}$ 是 $\mathbb{R}^n$ 中的开集．

（3）对任意实数 a ， $\{x \in \mathbb{R}^n : f(x) \geqslant a\}$ 是 $\mathbb{R}^n$ 中的闭集．

（4）对任意实数 a ，$\left\{x\in\mathbb{R}^n:f(x)\leqslant a\right\}$ 是 $\mathbb{R}^n$ 中的闭集．

1.3.4　$\mathbb{R}^n$ 中的紧致子集

定义 1.18　设 $A\subseteq\mathbb{R}^n$ ，$\mathfrak{A}$ 是一个由 $\mathbb{R}^n$ 的子集构成的集合族．如果 $A\subseteq\bigcup_{U\in\mathfrak{A}}U$ ，则称集合族 $\mathfrak{A}$ 是集合 A 的一个覆盖，并且当 $\mathfrak{A}$ 是有限集合族时，称集合族 $\mathfrak{A}$ 是集合 A 的一个有限覆盖．

设 $A\subseteq\mathbb{R}^n$ ，集合族 $\mathfrak{A}$ 是集合 A 的一个覆盖．如果集合族 $\mathfrak{A}$ 的一个子族 $\mathfrak{A}_1$ 也是集合 A 的覆盖，则称集合族 $\mathfrak{A}_1$ 是覆盖 $\mathfrak{A}$ 的一个子覆盖．

设 $A\subseteq\mathbb{R}^n$ ．如果由 $\mathbb{R}^n$ 中开子集构成的集合族 $\mathfrak{A}$ 是 A 的一个覆盖，则称集合族 $\mathfrak{A}$ 是集合 A 的一个开覆盖．

定义 1.19　设 $A\subseteq\mathbb{R}^n$ ．如果 A 的每一个开覆盖有一个有限子覆盖，则称 A 是 $\mathbb{R}^n$ 中的紧致子集．

对于空间 $\mathbb{R}^n$ 来说，"紧致子集"和"有界闭集"这两者完全是一回事．为了证明这个重要的结论，先要作一些准备．

引理 1.3　设 A 是 $\mathbb{R}^n$ 中的紧致子集，则 A 是 $\mathbb{R}^n$ 中的有界闭集．

证明　我们先证明 A 是 $\mathbb{R}^n$ 中的有界集．如果 A 是空集，结论是显然的．如果 A 不是空集，显然开集族 $\left\{B(x,1):x\in A\right\}$ 覆盖了 A ，由于 A 是 $\mathbb{R}^n$ 中的紧致子集，因此存在有限个开集 $B(x_1,1),\cdots,B(x_m,1)$ 使得

$$A\subseteq\bigcup_{i=1}^{m}B(x_i,1)\ .$$

取 $M=\max\left\{\|x_1\|+1,\cdots,\|x_m\|+1\right\}>0$ ，从而对任意的 $x\in A$ 有 $\|x\|\leqslant M$ ，这表明 A 是 $\mathbb{R}^n$ 中的有界集．

我们然后证明 A 是 $\mathbb{R}^n$ 中的闭集．设点 $y\in A^C$ ，对于 A 中的任意一点

x，由于 $x \neq y$，存在 $\delta_x > 0$（可以取 $\delta_x = \dfrac{1}{2}d(x,y)$）使得

$$B(x, \delta_x) \bigcap B(y, \delta_x) = \varnothing .$$

显然开集族 $\{B(x, \delta_x) : x \in A\}$ 覆盖了 A，由于 A 是 $\mathbb{R}^n$ 中的紧致子集，因此存在有限个开集 $B(x_1, \delta_{x_1}), \cdots, B(x_m, \delta_{x_m})$ 使得

$$A \subseteq \bigcup_{i=1}^{m} B(x_i, \delta_{x_i}) .$$

令 $\delta = \min\{\delta_{x_1}, \cdots, \delta_{x_m}\}$，则 $\delta > 0$ 并且对每个 $1 \leqslant i \leqslant m$ 都有

$$B(y, \delta) \bigcap B(x_i, \delta_{x_i}) = \varnothing ,$$

从而 $B(y, \delta) \bigcap A \subseteq \bigcup_{i=1}^{m} B(y, \delta) \bigcap B(x_i, \delta_{x_i}) = \varnothing$，于是 $B(y, \delta) \bigcap A = \varnothing$，因此 y 不是 A 的凝聚点，所以 $A^c \bigcap d(A) = \varnothing$，这说明 $d(A) \subseteq A$，即 A 是 $\mathbb{R}^n$ 中的闭集. ∎

定义 1.20　设 $I = [a_1, b_1] \times \cdots \times [a_n, b_n]$ 是 $\mathbb{R}^n$ 中的一个有界闭方体.我们把实数

$$l(I) = \max\{b_1 - a_1, \cdots, b_n - a_n\}$$

叫作这个有界闭方体 I 的线度.

引理 1.4　设 $I = [a_1, b_1] \times \cdots \times [a_n, b_n]$ 是 $\mathbb{R}^n$ 中的一个有界闭方体，则我们可以把它表示成 2^n 个有界闭子方体的并集：

$$I = J_1 \bigcup \cdots \bigcup J_{2^n} ,$$

其中每一个有界闭子方体的线度为原有界闭方体线度的 $\dfrac{1}{2}$：

$$l(J_k) = \frac{1}{2}l(I), \quad k = 1, \cdots, 2^n .$$

证明　考查 $\mathbb{R}^n$ 中的如下形式的有界闭方体：

$$J = J^1 \times \cdots \times J^n .$$

这里的每一个因子 J^i 或者为 $\left[a_i, \dfrac{a_i + b_i}{2}\right]$，或者为 $\left[\dfrac{a_i + b_i}{2}, b_i\right]$ $(i = 1, \cdots, n)$。

显然有 $l(J) = \dfrac{1}{2} l(I)$。容易看出 $J \subseteq I$。还容易看出：I 中的每一点 x 至少包含在一个这种形式的有界闭方体 J 中（因为 x 的每一坐标 x_i 或者落入 $\left[a_i, \dfrac{a_i + b_i}{2}\right]$ 之中，或者落入 $\left[\dfrac{a_i + b_i}{2}, b_i\right]$ 之中）。

所有这种形式的 J 总共有 2^n 个，把它们编号为

$$J_1, \cdots, J_{2^n} ,$$

则有

$$I = J_1 \bigcup \cdots \bigcup J_{2^n} ,$$

$$l(J_k) = \frac{1}{2} l(I), \quad k = 1, \cdots, 2^n . \blacksquare$$

定义 1.21 设 $\{I_k\}$ 是 $\mathbb{R}^n$ 中的一列有界闭方体，满足条件：

（1） $I_1 \supseteq I_2 \supseteq \cdots \supseteq I_k \supseteq I_{k+1} \supseteq \cdots$。

（2） $\lim\limits_{k \to \infty} l(I_k) = 0$ ，

则称这列有界闭方体 $\{I_k\}$ 为 $\mathbb{R}^n$ 中的一个闭方体套。

引理 1.5   （闭方体套定理）设 $\{I_k\}$ 为 $\mathbb{R}^n$ 中的一个闭方体套，则有 $\mathbb{R}^n$ 中唯一的一点 c ，适合

$$c \in I_k, \ \forall k \in \mathbb{N}^* .$$

证明 设 $I_k = [a_{k1}, b_{k1}] \times \cdots \times [a_{kn}, b_{kn}], k = 1, 2, \cdots$。容易看出：对每个正整数 $1 \leqslant i \leqslant n$ ，$\left\{ [a_{ki}, b_{ki}] \right\}_{k=1}^{\infty}$ 构成 $\mathbb{R}$ 中的一个闭区间套。由闭区间套定理 1.5 知，存在唯一的 $c_i \in \mathbb{R}$ ，适合

$$c_i \in [a_{ki}, b_{ki}], \ \forall k \in \mathbb{N}^* .$$

记 $c = (c_1, \cdots, c_n)$，则显然 c 是 $\mathbb{R}^n$ 中适合以下条件的唯一点：

$$c \in I_k, \ \forall k \in \mathbb{N}^*. \blacksquare$$

在作了这些准备之后，我们来证明本节的主要定理．

定理 1.19　对于空间 $\mathbb{R}^n$ 的子集 A，以下两条陈述相互等价：

（1）A 是 $\mathbb{R}^n$ 中的紧致子集．

（2）A 是 $\mathbb{R}^n$ 中的有界闭集．

证明　由引理 1.3 知（1）蕴含（2）．

我们只需证明"（2）$\Rightarrow$（1）"．设 A 是 $\mathbb{R}^n$ 中的有界闭集，下面我们证明 A 是 $\mathbb{R}^n$ 中的紧致子集．设 $\mathfrak{A}$ 是 A 的任意一个开覆盖，下面我们只需证明 $\mathfrak{A}$ 有一个有限子覆盖．用反证法．假设 $\mathfrak{A}$ 的任何有限子族都不能覆盖 A，我们来推出矛盾．由于 A 是 $\mathbb{R}^n$ 中的有界集，从而 A 可以包含在一个有界闭方体 I_0 之中．按照引理 1.4 中的作法，可以把 I_0 分成 2^n 个有界闭子方体，其中至少有某一个有界闭子方体 I_1，使得

$$I_1 \bigcap A$$

不能被 $\mathfrak{A}$ 的任何有限子族所覆盖．这个有界闭子方体的线度为

$$l(I_1) = \frac{1}{2} l(I_0).$$

再把 I_1 分成 2^n 个有界闭子方体，其中又至少有某一个有界闭子方体 I_2，使得

$$I_2 \bigcap A$$

不能被 $\mathfrak{A}$ 的任何有限子族所覆盖．这个有界闭子方体的线度为

$$l(I_2) = \frac{1}{2} l(I_1) = \frac{1}{2^2} l(I_0).$$

继续这样的操作，我们就能作出一个闭方体套：

$$I_1 \supseteq I_2 \supseteq \cdots \supseteq I_k \supseteq I_{k+1} \supseteq \cdots,$$

$$l(I_k) = \frac{1}{2^k} l(I_0) \to 0,$$

其中的每个 I_k 使得

$$I_k \cap A$$

不能被 $\mathfrak{A}$ 的任何有限子族所覆盖. 由闭方体套定理可知, 存在唯一的 $c \in \mathbb{R}^n$, 适合

$$c \in I_k, \ \forall \, k \in \mathbb{N}^*.$$

对任何 $k \in \mathbb{N}^*$, 因为 $I_k \cap A \neq \varnothing$, 所以存在 $x_k \in I_k \cap A$. 注意到

$$d(x_k, c) \leqslant \sqrt{n} \cdot l(I_k),$$

从而 $\lim\limits_{k \to \infty} d(x_k, c) = 0$, 这表明 A 中的点列 $\{x_k\}_{k=1}^{\infty}$ 收敛于 c. 因为 A 是 $\mathbb{R}^n$ 中的闭集, 所以 $c \in A$. 由于 $\mathfrak{A}$ 是 A 的一个开覆盖, 从而存在一个开集 $V \in \mathfrak{A}$ 使得 $c \in V$. 由于 V 是开集, 从而存在 $\delta > 0$ 使得 $B(c, \delta) \subseteq V$. 取 k 充分大, 使得

$$\|x_k - c\| < \frac{\delta}{2},$$

$$l(I_k) = \frac{1}{2^k} l(I_0) < \frac{\delta}{2\sqrt{n}}.$$

于是, I_k 中任意一点 x 到 c 的距离

$$\begin{aligned}
\|x - c\| &\leqslant \|x - x_k\| + \|x_k - c\| \\
&\leqslant \sqrt{n} \cdot l(I_k) + \|x_k - c\| \\
&< \sqrt{n} \cdot \frac{\delta}{2\sqrt{n}} + \frac{\delta}{2} \\
&= \delta.
\end{aligned}$$

这证明了 $I_k \subseteq B(c, \delta) \subseteq V$. 但这与 I_k 的选取方式矛盾 (I_k 不能被 $\mathfrak{A}$ 中有限个开集所覆盖). 这一矛盾说明 $\mathfrak{A}$ 有一个有限子覆盖, 于是 $\mathbb{R}^n$ 中的有

界闭集必定是紧致集 . ■

例 11　$\mathbb{R}^n$ 中的任意一个有界闭方体都是 $\mathbb{R}^n$ 中的紧致子集 .

这可由定理 1.19 直接得到 . ■

1.3.5　Borel 集

开集和闭集是 $\mathbb{R}^n$ 中常见的集合 . 但 $\mathbb{R}^n$ 中还有一些常见的集合，它们既不是开集也不是闭集 . 例如，可列个开集的交集不一定是开集，可列个闭集的并集不一定是闭集 . 下面我们要考虑的 Borel 集就包含了这类集合 .

定义 1.22　设 Γ 是由集合 X 的一些子集所构成的集合族且满足下述条件：

（1）$\varnothing \in \Gamma$；

（2）（Γ 对补集运算封闭）若 $A \in \Gamma$，则 $A^c \in \Gamma$；

（3）（Γ 对可列并运算封闭）若 $A_n \in \Gamma (n = 1, 2, \cdots)$，则 $\bigcup\limits_{n=1}^{\infty} A_n \in \Gamma$，

这时称 Γ 是一个 σ – 代数 .

由定义可知 σ – 代数 Γ 还具有下述性质：

（4）（Γ 对有限并、有限交运算封闭）若 $A_n \in \Gamma (n = 1, \cdots, m)$，则

$$\bigcup\limits_{n=1}^{m} A_n \in \Gamma , \quad \bigcap\limits_{n=1}^{m} A_n \in \Gamma .$$

由（1）和（3）可以得到 $\bigcup\limits_{n=1}^{m} A_n \in \Gamma$. 根据 De Morgan 公式，有

$$\bigcap\limits_{n=1}^{m} A_n = \left(\bigcup\limits_{n=1}^{m} A_n{}^c \right)^c .$$

由此知道 $\bigcap\limits_{n=1}^{m} A_n \in \Gamma$.

（5）（Γ 对可列交、上极限、下极限运算封闭）

若 $A_n \in \Gamma (n = 1, 2, \ldots)$，则

$$\bigcap_{n=1}^{\infty} A_n \in \Gamma, \quad \overline{\lim_{n \to \infty}} A_n \in \Gamma, \quad \varliminf_{n \to \infty} A_n \in \Gamma.$$

根据 De Morgan 公式，有

$$\bigcap_{n=1}^{\infty} A_n = (\bigcup_{n=1}^{\infty} A_n^C)^C.$$

由此知道 $\bigcap_{n=1}^{\infty} A_n \in \Gamma$．由于 $\overline{\lim_{n \to \infty}} A_n = \bigcap_{n=1}^{\infty} \bigcup_{k=n}^{\infty} A_k$，$\varliminf_{n \to \infty} A_n = \bigcup_{n=1}^{\infty} \bigcap_{k=n}^{\infty} A_k$，从而

$$\overline{\lim_{n \to \infty}} A_n \in \Gamma, \quad \varliminf_{n \to \infty} A_n \in \Gamma.$$

（6）（Γ 对差集运算封闭）若 $A, B \in \Gamma$，则 $A \backslash B \in \Gamma$．

由于 $A \backslash B = A \bigcap B^C$，从而 $A \backslash B \in \Gamma$．

（7）$X \in \Gamma$．

设 Γ 是由集合 X 的一些子集所构成的集合族，则 X 的幂集 $\mathcal{P}(X)$ 是一个包含 Γ 的 σ-代数．这表明至少存在一个包含 Γ 的 σ-代数．令 $\mathfrak{F}$ 是所有包含 Γ 的 σ-代数的交集．容易证明 $\mathfrak{F}$ 满足以下两条性质：

（1）$\mathfrak{F}$ 是包含 Γ 的 σ-代数；

（2）若 $\mathfrak{F}'$ 是一个包含 Γ 的 σ-代数，则 $\mathfrak{F} \subset \mathfrak{F}'$．

换言之，$\mathfrak{F}$ 是包含 Γ 的最小 σ-代数．这个 σ-代数称为是由 Γ 生成的 σ-代数，记为 $\sigma(\Gamma)$．

定义 1.23 设 Γ 是由 $\mathbb{R}^n$ 中的所有开集构成的集合族．称由 Γ 生成的 σ-代数 $\sigma(\Gamma)$ 为 Borel σ-代数，记为 $\mathfrak{B}(\mathbb{R}^n)$．$\mathfrak{B}(\mathbb{R}^n)$ 中的元素称为 Borel 集．

定理 1.20 $\mathbb{R}^n$ 中的开集、闭集、可数集、各种类型的方体都是 Borel 集．

证明　由定义知道开集是 Borel 集. 由于 $\mathfrak{B}\left(\mathbb{R}^n\right)$ 对补集运算封闭, 而闭集是开集的补集, 故闭集是 Borel 集. 因为单点集是闭集, 所以单点集是 Borel 集. 由于可数集可以表示成单点集的有限并或可列并, 而 $\mathfrak{B}\left(\mathbb{R}^n\right)$ 对有限并或可列并运算封闭, 所以可数集是 Borel 集. 由于实数集合 $\mathbb{R}$ 中的区间都可以表示为一列开区间的交集（见 1.1 节例 3）, 从而 $\mathbb{R}^n$ 中的方体都可以表示为一列开方体的交集. 由于开方体是开集, 因此开方体是 Borel 集, 于是各种类型的方体都是 Borel 集. ∎

特别地, 由于有理数集合是可列集, 而无理数集合是有理数集合的补集, 因此有理数集合和无理数集合都是 Borel 集.

设 $A \in \mathbb{R}^n$. 若 A 可以表示为一列闭集的并集, 则称 A 为 F_σ 型集. 若 A 可以表示为一列开集的交集, 则称 A 为 G_δ 型集. 显然 F_σ 型集和 G_δ 型集都是 Borel 集.

定理 1.20 和上面的例子表明, $\mathbb{R}^n$ 中一些常见的集合都是 Borel 集. 但在 $\mathbb{R}^n$ 中确实存在一些子集不是 Borel 集. 但这样的例子不是容易给出的.

1.3.6　开集的构造

$\mathbb{R}^n$ 中的开集可以用更简单的集合表示出来.

定理 1.21　$\mathbb{R}^n$ 中的每个非空开集都可以表示为可数个有界开方体的并集.

证明　设 A 是 $\mathbb{R}^n$ 中的一个非空开集. 则对任意的 $x \in A$, 存在正数 ε_x 使得 $B(x, \varepsilon_x) \subseteq A$, 从而 $A = \bigcup_{x \in A} B(x, \varepsilon_x)$. 对每个 $x = (x_1, \cdots, x_n) \in A$, 我们可以选取 $0 < \delta_x < \dfrac{\varepsilon_x}{\sqrt{n}}$, 于是

$$x \in (x_1 - \delta_x, x_1 + \delta_x) \times \cdots \times (x_n - \delta_x, x_n + \delta_x) \subseteq B(x, \delta_x),$$

从而 $A = \bigcup_{x \in A}(x_1 - \delta_x, x_1 + \delta_x) \times \cdots \times (x_n - \delta_x, x_n + \delta_x)$. 对每个 $x = (x_1, \cdots, x_n) \in A$,

我们可以选取有理数 $a_{ix}, b_{ix}\ (1 \le i \le n)$ 使得 $x_i - \delta_x < a_{ix} < x_i < b_{ix} < x_i + \delta_x$,

于是

$$x \in (a_{1x}, b_{1x}) \times \cdots \times (a_{nx}, b_{nx}) \subseteq (x_1 - \delta_x, x_1 + \delta_x) \times \cdots \times (x_n - \delta_x, x_n + \delta_x),$$

从而 $A = \bigcup_{x \in A}(a_{1x}, b_{1x}) \times \cdots \times (a_{nx}, b_{nx})$. 由 1.2 节例 10 知

$$\mathfrak{I} = \{(a_1, b_1) \times \cdots \times (a_n, b_n) \mid a_i < b_i\ \text{且}\ a_i, b_i \in \mathbb{Q}\ (1 \le i \le n)\}$$

是可列集. 注意到 $\{(a_{1x}, b_{1x}) \times \cdots \times (a_{nx}, b_{nx}) : x \in A\}$ 是 $\mathfrak{I}$ 的非空子集, 从而

$$\{(a_{1x}, b_{1x}) \times \cdots \times (a_{nx}, b_{nx}) : x \in A\}$$

是可数集, 这样一来 A 就表示为可数个有界开方体的并集. ∎

设 $(a_1, b_1], \cdots, (a_n, b_n]$ 是 n 个左开右闭区间, 称这 n 个区间的直积 $(a_1, b_1] \times \cdots \times (a_n, b_n]$ 为 $\mathbb{R}^n$ 中的半开方体.

定理 1.22 $\mathbb{R}^n$ 中的每个非空开集都可以表示为一列互不相交的半开方体的并集.

证明 对每个 $k = 0, 1, 2, \cdots$, 用 n 族直线 $x_1 = \dfrac{p_1}{2^k}, \cdots, x_n = \dfrac{p_n}{2^k}$ ($p_1, \cdots, p_n$ 是整数), 将 $\mathbb{R}^n$ 分割为一些形如

$$\left(\frac{p_1 - 1}{2^k}, \frac{p_1}{2^k}\right] \times \cdots \times \left(\frac{p_n - 1}{2^k}, \frac{p_n}{2^k}\right]$$

的互不相交的边长为 $\dfrac{1}{2^k}$ 半开正方形的并集. 这些半开正方形称为二进半开正方形. 显然二进半开正方形的全体是可列的. 设 G 是 $\mathbb{R}^n$ 中的非空开集. 将那些包含在 G 中的边长为 1 的二进半开正方形取出来, 其全体记为 J_0. 再将那些包含在 $G \setminus \bigcup_{I \in J_0} I$ 中的边长为 $\dfrac{1}{2}$ 的二进半开正方形取出来, 其全体

记为 J_1. 依次进行，在得到 J_{k-1} 后，将那些包含在 $G\backslash\bigcup\limits_{i=1}^{k-1}\bigcup\limits_{I\in J_i}I$ 中的边长为 $\dfrac{1}{2^k}$ 的二进半开正方形取出来，其全体记为 J_k. 这样一直进行下去，得到一列由边长为 $\dfrac{1}{2^k}$ 的二进半开正方形构成的族 $J_k\ (k=0,1,2,\cdots)$. 所有 $J_k\ (k=0,1,2,\cdots)$ 中的二进半开正方形的全体是可列的，并且是互不相交的. 我们证明 $G=\bigcup\limits_{k=1}^{\infty}\bigcup\limits_{I\in J_k}I$.

显然 $\bigcup\limits_{k=1}^{\infty}\bigcup\limits_{I\in J_k}I\subseteq G$. 另一方面，由于 G 是开集，对任意 $x\in G$，存在 x 的一个球形邻域 $B(x,\varepsilon)\subseteq G$. 由于当 $k\to\infty$ 时，边长为 $\dfrac{1}{2^k}$ 的二进半开正方形的直径趋于零，因此当 k_0 充分大时，存在一个边长为 $\dfrac{1}{2^{k_0}}$ 的二进半开正方形 I，使得 $x\in I\subseteq B(x,\varepsilon)$. 此时或者 $x\in\bigcup\limits_{k=1}^{k_0-1}\bigcup\limits_{I\in J_k}I$，或者 $x\notin\bigcup\limits_{k=1}^{k_0-1}\bigcup\limits_{I\in J_k}I$. 在第二种情形必有 $I\in J_{k_0}$，从而 $x\in\bigcup\limits_{k=1}^{k_0}\bigcup\limits_{I\in J_k}I$. 总之 $x\in\bigcup\limits_{k=1}^{\infty}\bigcup\limits_{I\in J_k}I$. 这说明 $\bigcup\limits_{k=1}^{\infty}\bigcup\limits_{I\in J_k}I\subseteq G$，从而 $G=\bigcup\limits_{k=1}^{\infty}\bigcup\limits_{I\in J_k}I$. ∎

习题 1.3

1. 设 f 是 $\mathbb{R}^n$ 上的实值函数. 证明若对任意实数 a，$\{x\in\mathbb{R}^n:f(x)<a\}$ 和 $\{x\in\mathbb{R}^n:f(x)>a\}$ 都是开集，则 f 在 $\mathbb{R}^n$ 上连续.

2. 设 f 是 $\mathbb{R}^n$ 上的实值函数. 证明 f 在 $\mathbb{R}^n$ 上连续的充要条件是对 $\mathbb{R}$ 中的任意开集 G，$f^{-1}(G)$ 是开集.

3. 设 f 是 $\mathbb{R}^n$ 上的实值函数. 证明 f 在 $\mathbb{R}^n$ 上连续的充要条件是对 $\mathbb{R}$ 中

的任意闭集 G，$f^{-1}(G)$ 是闭集.

4. 设 A 是 $\mathbb{R}^n$ 的非空子集. 证明：

（1）$d(x, A) = 0$ 当且仅当 $x \in \overline{A}$.

（2）$f(x) = d(x, A)\,(x \in \mathbb{R}^n)$ 是 $\mathbb{R}^n$ 上的连续函数.

5. 设 A 是 $\mathbb{R}^n$ 中的非空有界闭集. 证明对任意的 $x \in \mathbb{R}^n$，存在 $y \in A$ 使得 $d(x, A) = d(x, y)$.（提示：应用 $\mathbb{R}^n$ 中的每个有界点列都存在收敛子列）

1.4 广义实数系

1.4.1 广义实数系中的运算

定义 1.24 广义实数系 $\mathbb{R}^*$ 是实数集合 $\mathbb{R}$ 附上两个叫做 $+\infty$ 和 $-\infty$ 的元素. 这两个元素彼此不同也与每个实数不同. 一个广义实数 x 叫做有限的当且仅当它是实数，而叫做无限的当且仅当它等于 $+\infty$ 或者 $-\infty$. 此外我们规定，对任意一个实数 x 都有 $-\infty < x < +\infty$.

现在我们在广义实数系中添置一些运算.

定义 1.25 （广义实数系的绝对值运算）

对于任何广义实数 x，我们规定如下：

$$|x| = \begin{cases} +\infty, & x = -\infty \\ x \text{ 的绝对值}, & x \in \mathbb{R} \\ +\infty, & x = +\infty \end{cases}.$$

定义 1.26 （广义实数系的负运算）

对于任何广义实数 x，我们规定如下：

$$-x = \begin{cases} +\infty, & x = -\infty \\ x \text{ 的绝对值}, & x \in \mathbb{R} \\ -\infty, & x = +\infty \end{cases}.$$

定义 1.27　（广义实数系的加法运算）

对于任何实数 x，我们规定如下：

$$(+\infty) + x = x + (+\infty) = +\infty ,$$

$$(-\infty) + x = x + (-\infty) = -\infty ,$$

$$(+\infty) + (+\infty) = +\infty ,$$

$$(-\infty) + (-\infty) = -\infty .$$

此外我们约定，$(+\infty) + (-\infty)$，$(-\infty) + (+\infty)$ 都没有意义.

定义 1.28　（广义实数系的减法运算）

对于任何两个广义实数 x, y，我们规定如下：

$$x - y = \begin{cases} \text{无意义}, & x = -\infty, y = -\infty \\ \text{无意义}, & x = +\infty, y = +\infty \\ x + (-y), & \text{其他情形} \end{cases}.$$

定义 1.29　（广义实数系的乘法运算）

对于任何正数 x，我们规定如下：

$$x(+\infty) = (+\infty)x = +\infty ,$$

$$x(-\infty) = (-\infty)x = -\infty ,$$

$$(+\infty)(+\infty) = +\infty ,$$

$$(-\infty)(-\infty) = +\infty ,$$

$$(+\infty)(-\infty) = (-\infty)(+\infty) = -\infty .$$

对于任何负数 x，我们规定如下：

$$x(+\infty) = (+\infty)x = -\infty ,$$

$$x(-\infty) = (-\infty)x = +\infty \ ,$$

$$0(+\infty) = (+\infty)0 = 0 \ ,$$

$$0(-\infty) = (-\infty)0 = 0 \ .$$

注 1：在实数系中消去律总是成立的，即由

$$a+b = a+c \ (a, b, c \in \mathbb{R})$$

可以推出 $b = c$，但在广义实数系中消去律不成立，比如

$$(+\infty) + 3 = (+\infty) + 5 = +\infty \ ,$$

但 $3 \neq 5$．读者在广义实数系中应用消去律时一定要谨慎，由

$$a + b = a + c \ (a \in \mathbb{R}, \ b, c \in \mathbb{R}^*)$$

可以推出 $b = c$，一旦 $a = -\infty$ 或者 $a = +\infty$，消去律就失效了．

注 2：在实数系中由 $a + b = c \ (a, b, c \in \mathbb{R})$ 可以推出 $b = c - a$，但这条性质在广义实数系中不成立，比如 $(+\infty) + 3 = +\infty$，但 $3 \neq (+\infty) - (+\infty)$，因为此时 $(+\infty) - (+\infty)$ 没有意义．读者在广义实数系中应用这条性质时一定要谨慎，由

$$a + b = c \ (a \in \mathbb{R}, \ b, c \in \mathbb{R}^*)$$

可以推出 $b = c - a$，一旦 $a = -\infty$ 或者 $a = +\infty$，上述性质就失效了．

1.4.2　广义实数系的上确界和下确界

定义 1.30　（广义实数系的上确界）设 E 是 $\mathbb{R}^*$ 的子集，我们用下面的法则来定义 E 的上确界 $\sup E$．

（1）如果 $E = \varnothing$，那么我们令 $\sup E = -\infty$．

（2）如果 E 是 $\mathbb{R}$ 的非空子集且有上界，那么我们令 $\sup E$ 为 E 的最小上界．

（3）如果 E 是 $\mathbb{R}$ 的非空子集且无上界，那么我们令 $\sup E = +\infty$．

（4）如果 $+\infty \in E$，那么我们令 $\sup E = +\infty$．

（5）如果 $+\infty \notin E$ 但 $-\infty \in E$，此时 $E \setminus \{-\infty\}$ 是 $\mathbb{R}$ 的子集，那么我们令 $\sup E = \sup(E \setminus \{-\infty\})$．

定义 1.31　（广义实数系的下确界）设 E 是 $\mathbb{R}^*$ 的子集，我们用下面的法则来定义 E 的下确界 $\inf E$．

（1）如果 $E = \varnothing$，那么我们令 $\inf E = +\infty$．

（2）如果 E 是 $\mathbb{R}$ 的非空子集且有下界，那么我们令 $\inf E$ 为 E 的最大下界．

（3）如果 E 是 $\mathbb{R}$ 的非空子集且无下界，那么我们令 $\inf E = -\infty$．

（4）如果 $-\infty \in E$，那么我们令 $\inf E = -\infty$．

（5）如果 $-\infty \notin E$ 但 $+\infty \in E$，此时 $E \setminus \{+\infty\}$ 是 $\mathbb{R}$ 的子集，那么我们令 $\inf E = \inf(E \setminus \{+\infty\})$．

容易检验 $\inf E = -\sup(-E)$，其中 $-E = \{-x : x \in E\}$．

可以像下面那样直观地想象 E 的上确界和下确界．

想象实数轴以某种方式在最右端安置了 $+\infty$，而在最左端安置了 $-\infty$．想象一个活塞从 $+\infty$ 处向左移动直到遇到 E 而停，它停下来的位置就是 E 的上确界．类似地，如果想象一个活塞从 $-\infty$ 处向右移动直到遇到 E 而停，它停下来的位置就是 E 的下确界．当 E 是空集时，两个活塞彼此穿过，上确界落在 $-\infty$，而下确界落在 $+\infty$．

例 1　设 $E = \{-1, -2, -3, \cdots\} \bigcup \{-\infty\}$，那么
$$\sup E = \sup(E \setminus \{-\infty\}) = -1,$$
$$\inf E = -\infty . \blacksquare$$

定理 1.23　设 E 是 $\mathbb{R}^*$ 的非空子集．那么下述各命题成立：

（1）对于每个 $x \in E$，我们有 $\inf E \leqslant x \leqslant \sup E$．

（2）设 $a \in \mathbb{R}^*$ 且 $\sup E > a$ ，则存在 $x_0 \in E$ 使得 $x_0 > a$.

（3）设 $a \in \mathbb{R}^*$ 且 $\inf E < a$ ，则存在 $x_0 \in E$ 使得 $x_0 < a$.

我们略去上述定理的证明过程，请读者自己补充.

1.4.3　广义实数列的极限

设 $\{x_n\}_{n=1}^{\infty}$ 是一个广义实数列，我们记

$$\sup_{n \geqslant 1} x_n = \sup\{x_n : n \geqslant 1\}, \ \inf_{n \geqslant 1} x_n = \inf\{x_n : n \geqslant 1\} \ .$$

定义 1.32　设 $\{x_n\}_{n=1}^{\infty}$ 是一个广义实数列 . 称广义实数

$$\inf_{n \geqslant 1} \sup_{k \geqslant n} x_k$$

为 $\{x_n\}_{n=1}^{\infty}$ 的上极限，记为 $\varlimsup_{n \to \infty} x_n$. 称广义实数

$$\sup_{n \geqslant 1} \inf_{k \geqslant n} x_k$$

为 $\{x_n\}_{n=1}^{\infty}$ 的下极限，记为 $\varliminf_{n \to \infty} x_n$.

定理 1.24　设 $\{x_n\}_{n=1}^{\infty}$ 是一个广义实数列，则

$$\varliminf_{n \to \infty} x_n \leqslant \varlimsup_{n \to \infty} x_n \ .$$

证明　用反证法 . 假设 $\varliminf_{n \to \infty} x_n > \varlimsup_{n \to \infty} x_n$ ，从而 $\sup_{n \geqslant 1} \inf_{k \geqslant n} x_k > \inf_{n \geqslant 1} \sup_{k \geqslant n} x_k$. 由定理 1.23（2）知存在正整数 n_1 使得 $\inf_{k \geqslant n_1} x_k > \inf_{n \geqslant 1} \sup_{k \geqslant n} x_k$ ，再由定理 1.23（3）知存在正整数 n_2 使得 $\inf_{k \geqslant n_1} x_k > \sup_{k \geqslant n_2} x_k$. 于是当 $m \geqslant \max\{n_1, n_2\}$ 时，

$$\inf_{k \geqslant n_1} x_k > \sup_{k \geqslant n_2} x_k \geqslant x_m \ ,$$

这和 $\inf_{k \geqslant n_1} x_k \leqslant x_m$ 矛盾 . 这一矛盾说明 $\varliminf_{n \to \infty} x_n \leqslant \varlimsup_{n \to \infty} x_n$. ■

定理 1.25　设 $\{x_n\}_{n=1}^{\infty}, \{y_n\}_{n=1}^{\infty}$ 是两个广义实数列且 $x_n \leqslant y_n \ (\forall n \geqslant 1)$ ，则

$$\varliminf_{n \to \infty} x_n \leqslant \varliminf_{n \to \infty} y_n \ ,$$

$$\varliminf_{n\to\infty} x_n \leqslant \varliminf_{n\to\infty} y_n .$$

我们略去上述定理的证明过程，请读者自己补充．

定理 1.26 设 $\{x_n\}_{n=1}^{\infty}$ 是一个广义实数列且 $a \in \mathbb{R}$，则

$$\varliminf_{n\to\infty}(-x_n+a) = -\varlimsup_{n\to\infty} x_n + a ,$$

$$\varlimsup_{n\to\infty}(-x_n+a) = -\varliminf_{n\to\infty} x_n + a .$$

我们略去上述定理的证明过程，请读者自己补充．

定义 1.33 设 $\{x_n\}_{n=1}^{\infty}$ 是一个广义实数列．若 $\varliminf_{n\to\infty} x_n = \varlimsup_{n\to\infty} x_n$，则称 $\{x_n\}_{n=1}^{\infty}$ 存在极限，并且称 $\varliminf_{n\to\infty} x_n = \varlimsup_{n\to\infty} x_n$ 为 $\{x_n\}_{n=1}^{\infty}$ 的极限，记为 $\lim_{n\to\infty} x_n$．

定理 1.27 单调广义实数列必存在极限．并且：

（1）若 $\{x_n\}_{n=1}^{\infty}$ 是单调递增的，则 $\lim_{n\to\infty} x_n = \sup_{n\geqslant 1} x_n$．

（2）若 $\{x_n\}_{n=1}^{\infty}$ 是单调递减的，则 $\lim_{n\to\infty} x_n = \inf_{n\geqslant 1} x_n$．

证明 （1）因为 $\{x_n\}_{n=1}^{\infty}$ 是单调递增的，因此对任意的正整数 n 有

$$\inf_{k\geqslant n} x_k = x_n , \ \sup_{k\geqslant n} x_k = \sup_{k\geqslant 1} x_k .$$

于是

$$\varliminf_{n\to\infty} x_n = \sup_{n\geqslant 1}\inf_{k\geqslant n} x_k = \sup_{n\geqslant 1} x_n ,$$

$$\varlimsup_{n\to\infty} x_n = \inf_{n\geqslant 1}\sup_{k\geqslant n} x_k = \inf_{n\geqslant 1}\sup_{k\geqslant 1} x_k = \sup_{k\geqslant 1} x_k .$$

所以

$$\varliminf_{n\to\infty} x_n = \varlimsup_{n\to\infty} x_n = \sup_{n\geqslant 1} x_n .$$

因此 $\{x_n\}_{n=1}^{\infty}$ 存在极限，并且 $\lim_{n\to\infty} x_n = \sup_{n\geqslant 1} x_n$．

（2）因为 $\{x_n\}_{n=1}^{\infty}$ 是单调递减的，因此对任意的正整数 n 有

$$\inf_{k\geqslant n} x_k = \inf_{k\geqslant 1} x_k , \ \sup_{k\geqslant n} x_k = x_n .$$

于是

$$\varliminf_{n\to\infty} x_n = \sup_{n\geqslant 1}\inf_{k\geqslant n} x_k = \sup_{n\geqslant 1}\inf_{k\geqslant 1} x_k = \inf_{k\geqslant 1} x_k ,$$

$$\varlimsup_{n\to\infty} x_n = \inf_{n\geqslant 1}\sup_{k\geqslant n} x_k = \inf_{n\geqslant 1} x_n .$$

所以

$$\varliminf_{n\to\infty} x_n = \varlimsup_{n\to\infty} x_n = \inf_{n\geqslant 1} x_n . \blacksquare$$

单调广义实数列 $\{x_n\}_{n=1}^{\infty}$ 的极限 $\lim\limits_{n\to\infty} x_n$ 总是存在的，其极限值可能是实数，也可能是 $+\infty$ 或者 $-\infty$.

定义 1.34　形式的无限级数是如下形状的表达式：

$$\sum_{n=1}^{\infty} x_n ,$$

其中，（1）对于任何正整数 n ，x_n 是广义实数 .（2）对于任何正整数 n ，$\sum\limits_{i=1}^{n} x_i$ 有意义 .

设 $\sum\limits_{n=1}^{\infty} x_n$ 是一个形式的无限级数 . 如果广义实数列 $\left\{\sum\limits_{i=1}^{n} x_i\right\}_{n=1}^{\infty}$ 存在极限，那么我们说无限级数 $\sum\limits_{n=1}^{\infty} x_n$ 是收敛的，而且我们记

$$\lim_{n\to\infty}\sum_{i=1}^{n} x_i = \sum_{n=1}^{\infty} x_n$$

并称 $\lim\limits_{n\to\infty}\sum\limits_{i=1}^{n} x_i$ 是无限级数 $\sum\limits_{n=1}^{\infty} x_n$ 的和 .

正项级数 $\sum\limits_{n=1}^{\infty} x_n \,(0\leqslant x_n\leqslant +\infty)$ 的和总是存在的，可能是实数，也可能是 $+\infty$.

习题 1.4

1. 证明定理 1.23.

2. 证明定理 1.25.

3. 证明定理 1.26.

第 2 章　Lebesgue 测度

实变函数论的核心内容是 Lebesgue 测度与积分的理论. 从本章开始逐步介绍 Lebesgue 测度与积分理论.

在引言中我们已经提到, 我们熟知的 Riemann 积分在理论上存在一些缺陷, 必须加以改进. 为了建立一种新的积分理论, 我们需要对 $\mathbb{R}^n$ 上的相当广泛的一类集, 给出一种类似于长度、面积和体积的度量.

这种新的度量应该满足什么性质呢? 我们希望对任意 $A \subseteq \mathbb{R}^n$, 给予 A 一种度量, 我们称为 Lebesgue 测度, 记为 $m(A)$. 既然 $m(A)$ 是长度、面积和体积的推广, 测度应满足如下的性质:

（1）非负性: $0 \leqslant m(A) \leqslant +\infty$.

（2）可列可加性: 若 $\{A_k\}_{k=1}^{\infty}$ 是 $\mathbb{R}^n$ 中的一列互不相交的集合, 则

$$m(\bigcup_{k=1}^{\infty} A_k) = \sum_{k=1}^{\infty} m(A_k).$$

（3）平移不变性: $m(x+A) = m(A)$, 其中 $x+A = \{x+y : y \in A\}$.

（4）$m([a_1, b_1] \times \cdots \times [a_n, b_n]) = (b_1 - a_1) \times \cdots \times (b_n - a_n)$.

在上述的性质中, 性质（2）是最重要的. 测度的可列可加性是 Lebesgue

积分理论成功的关键.

我们当然希望能够对 $\mathbb{R}^n$ 的所有子集都能定义测度,并且满足上述的性质(1)~(4).但已经证明这是不可能的.我们只能对 $\mathbb{R}^n$ 的一类集即所谓"Lebesgue 可测集"定义 Lebesgue 测度.这种 Lebesgue 可测集是相当广泛的一类集,包含了所有常见的集合,例如可数集、各种方体、开集、闭集、Borel 集等.因此在应用上是足够了.

本章 2.1 节至 2.2 节介绍 $\mathbb{R}^n$ 上的 Lebesgue 测度理论.

2.1　Lebesgue 外测度

定义 Lebesgue 外测度的想法来源于面积的计算.在计算平面上一个曲边梯形的面积的时候,我们用该曲边梯形的外接阶梯形或内接阶梯形的面积逼近该曲边梯形的面积.实际上就是用很多小的矩形的面积之和逼近曲边梯形的面积.自然地我们应该将这种方法用于 $\mathbb{R}^n$ 的任意子集.

我们以 $\mathbb{R}$ 的情形为例说明这种思想.设 A 是 $\mathbb{R}$ 的一个子集.该集合可能不包含任何区间.因此想用包含在 A 内部的若干小区间的长度之和给出 A 的一种度量并不总是可行的.但是 A 总是可以被一列有界开区间覆盖.给定覆盖 A 的一列有界开区间 $\{I_k\}_{k=1}^{\infty}$,就相应地得到它们的长度之和 $\sum_{k=1}^{\infty}|I_k|$ (可能是实数,也有可能是 $+\infty$).覆盖 A 的有界开区间列 $\{I_k\}_{k=1}^{\infty}$ 可以有很多取法.这些不同的有界开区间列 $\{I_k\}_{k=1}^{\infty}$ 的长度之和 $\sum_{k=1}^{\infty}|I_k|$ 构成一个非负数集.很自然地,应该将这个非负数集的下确界作为集合 A 的一个度量.这就是 A 的 Lebesgue 外测度.

下面我们将上述想法精确化.为此先对 $\mathbb{R}^n$ 中方体的体积作出明确的

规定.

设 I 是实数集合 $\mathbb{R}$ 中的有界区间，$I = (a,b)$ 或 $[a,b)$ 或 $(a,b]$ 或 $[a,b]$，规定 I 的长度为 $|I| = b - a$. 若 I 是无界区间，则规定 $|I| = +\infty$.

设 $I = I_1 \times \cdots \times I_n$ 为 $\mathbb{R}^n$ 中的方体，其中 $I_1, \cdots, I_n$ 是实数集合 $\mathbb{R}$ 中的（有界或无界）区间. 若 I 为有界方体，规定 I 的体积为 $|I| = |I_1| \cdots |I_n|$.

若 I 为无界方体，规定 I 的体积为 $|I| = +\infty$.

定义 2.1 设 $A \subseteq \mathbb{R}^n$. 若 $\{I_k\}_{k=1}^{\infty}$ 是 $\mathbb{R}^n$ 中的一列有界开方体，使得

$$A \subseteq \bigcup_{k=1}^{\infty} I_k,$$

则称 $\{I_k\}_{k=1}^{\infty}$ 是 A 的一个有界开方体覆盖.

定义 2.2 对每个 $A \subseteq \mathbb{R}^n$，令

$$m^*(A) = \inf\left\{ \sum_{k=1}^{\infty} |I_k| : \{I_k\}_{k=1}^{\infty} \text{ 是 } A \text{ 的有界开方体覆盖} \right\}.$$

称 $m^*(A)$ 为 A 的 Lebesgue 外测度，简称为外测度.

注 1：对每个 $A \subseteq \mathbb{R}^n$，A 的有界开方体覆盖 $\{I_k\}_{k=1}^{\infty}$ 总是存在的. 比如我们可以取 $I_k = \underbrace{(-k,k) \times \cdots \times (-k,k)}_{n} (k \geq 1)$，容易检验 $\bigcup_{k=1}^{\infty} I_k = \mathbb{R}^n$ 并且

$$\sum_{k=1}^{\infty} |I_k| = \sum_{k=1}^{\infty} (2k)^n = +\infty,$$ 从而 $A \subseteq \bigcup_{k=1}^{\infty} I_k$，这表明 $\{I_k\}_{k=1}^{\infty}$ 是 A 的一个有界开方体覆盖.

注 2：对每个 $A \subseteq \mathbb{R}^n$，$\left\{ \sum_{k=1}^{\infty} |I_k| : \{I_k\}_{k=1}^{\infty} \text{ 是 } A \text{ 的有界开方体覆盖} \right\}$ 是 $[0, +\infty]$ 的一个非空子集并且

$$+\infty \in \left\{ \sum_{k=1}^{\infty} |I_k| : \{I_k\}_{k=1}^{\infty} \text{ 是 } A \text{ 的有界开方体覆盖} \right\},$$

从而

$$m^*(A) = \inf\left(\left\{\sum_{k=1}^{\infty}|I_k| : \{I_k\}_{k=1}^{\infty}\ \text{是}\ A\ \text{的有界开方体覆盖}\right\}\backslash\{+\infty\}\right).$$

容易知道 $0 \leqslant m^*(A) \leqslant +\infty$.

注 3：对 A 的任意一个有界开方体覆盖 $\{I_k\}_{k=1}^{\infty}$ ，有

$$m^*(A) \leqslant \sum_{k=1}^{\infty}|I_k| .$$

注 4：对任意正数 ε ，存在 A 的一个有界开方体覆盖 $\{I_k\}_{k=1}^{\infty}$ ，使得

$$\sum_{k=1}^{\infty}|I_k| \leqslant m^*(A) + \varepsilon .$$

若 $m^*(A) = +\infty$ ，由注 3 知对 A 的任意一个有界开方体覆盖 $\{I_k\}_{k=1}^{\infty}$ ，有 $\sum_{k=1}^{\infty}|I_k| = +\infty$ ，此时 $\sum_{k=1}^{\infty}|I_k| = m^*(A) + \varepsilon = +\infty$.

若 $m^*(A) < +\infty$ ，由于

$$m^*(A) = \inf\left(\left\{\sum_{k=1}^{\infty}|I_k| : \{I_k\}_{k=1}^{\infty}\ \text{是}\ A\ \text{的有界开方体覆盖}\right\}\backslash\{+\infty\}\right),$$

从而

$$\left\{\sum_{k=1}^{\infty}|I_k| : \{I_k\}_{k=1}^{\infty}\ \text{是}\ A\ \text{的有界开方体覆盖}\right\}\backslash\{+\infty\}$$

是 $\mathbb{R}$ 的非空子集且有下界，于是存在 A 的一个有界开方体覆盖 $\{I_k\}_{k=1}^{\infty}$ ，使得

$$\sum_{k=1}^{\infty}|I_k| < m^*(A) + \varepsilon .$$

综合以上两种情形知，对任意正数 ε ，存在 A 的一个有界开方体覆盖 $\{I_k\}_{k=1}^{\infty}$ ，使得

$$\sum_{k=1}^{\infty}|I_k| \leqslant m^*(A) + \varepsilon .$$

例 1　若 A 是 $\mathbb{R}^n$ 中的单点集，则 $m^*(A) = 0$.

证明 设 $A = \{x\}$ 是单点集. 设 $x = (x_1, \cdots, x_n)$. 对任意正数 ε，有界开方体列

$$I_k = \left(x_1 - \frac{\varepsilon}{2^{k+1}}, x_1 + \frac{\varepsilon}{2^{k+1}} \right) \times \cdots \times \left(x_n - \frac{\varepsilon}{2^{k+1}}, x_n + \frac{\varepsilon}{2^{k+1}} \right) (k \geqslant 1)$$

是 A 的一个有界开方体覆盖. 因此

$$m^*(A) \leqslant \sum_{k=1}^{\infty} |I_k| = \sum_{k=1}^{\infty} \left(\frac{\varepsilon}{2^k} \right)^n \leqslant \varepsilon^n \sum_{k=1}^{\infty} \frac{1}{2^k} = \varepsilon^n .$$

由 $\varepsilon > 0$ 的任意性得到 $m^*(A) = 0$. ∎

定理 2.1 外测度具有如下性质：

（1）$m^*(\varnothing) = 0$.

（2）单调性：若 $A \subseteq B$，则 $m^*(A) \leqslant m^*(B)$.

（3）次可列可加性：对 $\mathbb{R}^n$ 中的任意一列集 $\{A_k\}_{k=1}^{\infty}$，有

$$m^* \left(\bigcup_{k=1}^{\infty} A_k \right) \leqslant \sum_{k=1}^{\infty} m^*(A_k) .$$

证明 （1）对任意正数 ε，有界开方体列

$$I_k = \underbrace{\left(-\frac{\varepsilon}{2^{k+1}}, \frac{\varepsilon}{2^{k+1}} \right) \times \cdots \times \left(-\frac{\varepsilon}{2^{k+1}}, \frac{\varepsilon}{2^{k+1}} \right)}_{n} (k \geqslant 1)$$

是 $\varnothing$ 的一个有界开方体覆盖. 因此

$$m^*(\varnothing) \leqslant \sum_{k=1}^{\infty} |I_k| = \sum_{k=1}^{\infty} \left(\frac{\varepsilon}{2^k} \right)^n \leqslant \varepsilon^n \sum_{k=1}^{\infty} \frac{1}{2^k} = \varepsilon^n .$$

由 $\varepsilon > 0$ 的任意性得到 $m^*(\varnothing) = 0$.

（2）设 $A \subseteq B$. 对任意正数 ε，存在 B 的一个有界开方体覆盖 $\{I_k\}_{k=1}^{\infty}$，使得

$$\sum_{k=1}^{\infty} |I_k| \leqslant m^*(B) + \varepsilon .$$

既然 $A \subseteq B$，$\{I_k\}_{k=1}^{\infty}$ 也是 A 的一个有界开方体覆盖. 因此

$$m^*(A) \leqslant \sum_{k=1}^{\infty} |I_k| \leqslant m^*(B) + \varepsilon .$$

由 $\varepsilon > 0$ 的任意性得到 $m^*(A) \leqslant m^*(B)$.

（3）对任意正数 ε 和每个正整数 k ，存在 A_k 的一个有界开方体覆盖 $\{I_{k,i}\}_{i=1}^{\infty}$ ，使得

$$\sum_{i=1}^{\infty} |I_{k,i}| \leqslant m^*(A_k) + \frac{\varepsilon}{2^k} .$$

由于 $\{I_{k,i}\}_{k \geqslant 1, i \geqslant 1}$ 是 $\bigcup_{k=1}^{\infty} A_k$ 的一个有界开方体覆盖，因此

$$m^*\left(\bigcup_{k=1}^{\infty} A_k\right) \leqslant \sum_{k=1}^{\infty} \sum_{i=1}^{\infty} |I_{k,i}| \leqslant \sum_{k=1}^{\infty} \left(m^*(A_k) + \frac{\varepsilon}{2^k}\right) = \sum_{k=1}^{\infty} m^*(A_k) + \varepsilon .$$

由于 $\varepsilon > 0$ 是任意的，因此 $m^*\left(\bigcup_{k=1}^{\infty} A_k\right) \leqslant \sum_{k=1}^{\infty} m^*(A_k)$. ∎

注：外测度也具有次有限可加性 . 事实上，利用外测度的次可列可加性和 $m^*(\varnothing) = 0$ ，我们有

$$m^*(A_1 \cup \cdots \cup A_k) = m^*(A_1 \cup \cdots \cup A_k \cup \varnothing \cup \cdots)$$
$$\leqslant m^*(A_1) + \cdots + m^*(A_k) + m^*(\varnothing) + \cdots$$
$$= m^*(A_1) + \cdots + m^*(A_k).$$

例 2　若 A 是 $\mathbb{R}^n$ 中的有限集，则 $m^*(A) = 0$.

证明　若 $A = \varnothing$ ，显然 $m^*(\varnothing) = 0$. 若 A 是 $\mathbb{R}^n$ 中的非空有限集，设 $A = \{x_1, \cdots, x_k\}$ ，由于外测度具有次有限可加性，从而

$$m^*(A) \leqslant m^*(\{x_1\}) + \cdots + m^*(\{x_k\}) .$$

由例 1 知单点集的外测度为 0 ，于是 $m^*(A) = 0$. ∎

例 3　若 A 是 $\mathbb{R}^n$ 中的可列集，则 $m^*(A) = 0$.

证明　设 $A = \{x_1, \cdots, x_k, \cdots\}$ ，由于外测度具有次可列可加性，从而

$$m^*(A) \leqslant \sum_{k=1}^{\infty} m^*(\{x_k\}) .$$

由例 1 知单点集的外测度为 0，于是 $m^*(A) = 0$. ∎

特别地，由例 3 知道，有理数集合的外测度为 0.

接下来我们要计算方体的外测度，为此我们需要如下的引理.

我们记

$$\prod_{i=1}^{n}[a_i, b_i] = \left\{(x_1, \cdots, x_n) \in \mathbb{R}^n : a_i \leqslant x_i \leqslant b_i, 1 \leqslant i \leqslant n\right\},$$

$$\prod_{i=1}^{n}(a_i, b_i) = \left\{(x_1, \cdots, x_n) \in \mathbb{R}^n : a_i < x_i < b_i, 1 \leqslant i \leqslant n\right\}.$$

引理 2.1 设 $\prod_{i=1}^{n}[a_i, b_i]$ 是 $\mathbb{R}^n$ 中的一个有界闭方体，$\{I_1, \cdots, I_k\}$ 是 $\mathbb{R}^n$ 中的有限多个有界开方体且覆盖 $\prod_{i=1}^{n}[a_i, b_i]$，则

$$\prod_{i=1}^{n}(b_i - a_i) \leqslant \sum_{i=1}^{k}|I_i| .$$

证明 我们对维数 n 使用数学归纳法. 首先考虑 $n = 1$ 的情形. 设 $[a, b]$ 是一个有界闭区间，$\{(a_1, b_1), \cdots, (a_k, b_k)\}$ 是有限多个有界开区间且覆盖 $[a, b]$.

我们要证的是

$$b - a \leqslant \sum_{i=1}^{k}(b_i - a_i) .$$

由特征函数的性质（见 1.2 节定义 1.9 下方的性质（1）），对任意的 $x \in \mathbb{R}$ 有

$$\chi_{[a, b]}(x) \leqslant \sum_{i=1}^{k}\chi_{(a_i, b_i)}(x) .$$

于是

$$\int_{-\infty}^{+\infty}\chi_{[a, b]}(x)\,\mathrm{d}x \leqslant \int_{-\infty}^{+\infty}\sum_{i=1}^{k}\chi_{(a_i, b_i)}(x)\,\mathrm{d}x ,$$

这里的积分均是广义积分. 注意到

$$\int_{-\infty}^{+\infty} \chi_{[a,b]}(x)\,\mathrm{d}x = b-a \ ,$$

$$\int_{-\infty}^{+\infty} \sum_{i=1}^{k} \chi_{(a_i,b_i)}(x)\,\mathrm{d}x = \sum_{i=1}^{k} \int_{-\infty}^{+\infty} \chi_{(a_i,b_i)}(x)\,\mathrm{d}x = \sum_{i=1}^{k} (b_i - a_i)\ ,$$

于是

$$b-a \leqslant \sum_{i=1}^{k} (b_i - a_i)\ .$$

这就证明了当 $n=1$ 时命题成立.

假设当 $n=m$ 时命题成立. 下面我们证明当 $n=m+1$ 时命题也成立. 设 $\prod_{i=1}^{m+1}[a_i,b_i]$ 是 $\mathbb{R}^{m+1}$ 中的一个有界闭方体,

$$\left\{ \prod_{i=1}^{m+1}\left(a_i^{(1)},b_i^{(1)}\right),\cdots,\prod_{i=1}^{m+1}\left(a_i^{(k)},b_i^{(k)}\right) \right\}$$

是 $\mathbb{R}^{m+1}$ 中的有限多个有界开方体且覆盖 $\prod_{i=1}^{m+1}[a_i,b_i]$.

我们要证的是

$$\prod_{i=1}^{m+1}(b_i - a_i) \leqslant \sum_{j=1}^{k} \prod_{i=1}^{m+1}\left(b_i^{(j)}-a_i^{(j)}\right)\ .$$

设 $x \in [a_{m+1},b_{m+1}]$, 我们记 $J_x = \left\{ 1 \leqslant j \leqslant k : x \in \left(a_{m+1}^{(j)},b_{m+1}^{(j)}\right) \right\}$, 容易知道 $\left\{ \prod_{i=1}^{m}\left(a_i^{(j)},b_i^{(j)}\right) : j \in J_x \right\}$ 是 $\prod_{i=1}^{m}[a_i,b_i]$ 的一个开覆盖. 由归纳假设知

$$\prod_{i=1}^{m}(b_i - a_i) \leqslant \sum_{j \in J_x} \prod_{i=1}^{m}\left(b_i^{(j)}-a_i^{(j)}\right)\ .$$

对每个 $1 \leqslant j \leqslant k$, 令

$$f^j(z) = \begin{cases} \prod_{i=1}^{m}\left(b_i^{(j)}-a_i^{(j)}\right), & z \in \left(a_{m+1}^{(j)},b_{m+1}^{(j)}\right) \\ 0, & z \notin \left(a_{m+1}^{(j)},b_{m+1}^{(j)}\right) \end{cases}\ .$$

由于 $\displaystyle\sum_{j\in J_x}\prod_{i=1}^{m}\left(b_i^{(j)}-a_i^{(j)}\right)=\sum_{j=1}^{k}f^j(x)$，从而

$$\prod_{i=1}^{m}(b_i-a_i)\leqslant\sum_{j=1}^{k}f^j(x) .$$

对上述不等式积分，我们得到

$$\int_{a_{m+1}}^{b_{m+1}}\prod_{i=1}^{m}(b_i-a_i)\,\mathrm{d}x\leqslant\int_{a_{m+1}}^{b_{m+1}}\sum_{j=1}^{k}f^j(x)\,\mathrm{d}x$$

$$=\sum_{j=1}^{k}\int_{a_{m+1}}^{b_{m+1}}f^j(x)\,\mathrm{d}x$$

$$\leqslant\sum_{j=1}^{k}\int_{-\infty}^{+\infty}f^j(x)\,\mathrm{d}x$$

$$=\sum_{j=1}^{k}\prod_{i=1}^{m+1}\left(b_i^{(j)}-a_i^{(j)}\right).$$

这就证明了

$$\prod_{i=1}^{m+1}(b_i-a_i)\leqslant\sum_{j=1}^{k}\prod_{i=1}^{m+1}\left(b_i^{(j)}-a_i^{(j)}\right) .\blacksquare$$

定理 2.2 若 I 是 $\mathbb{R}^n$ 中的方体，则 $m^*(I)=|I|$.

证明 设 $I=\displaystyle\prod_{i=1}^{n}[a_i,b_i]$ 为 $\mathbb{R}^n$ 中的一个有界闭方体．对任意正数 ε，记

$$I_1=\prod_{i=1}^{n}(a_i-\varepsilon,b_i+\varepsilon),\ I_k=\underbrace{\left(-\frac{\varepsilon}{2^{k+1}},\frac{\varepsilon}{2^{k+1}}\right)\times\cdots\times\left(-\frac{\varepsilon}{2^{k+1}},\frac{\varepsilon}{2^{k+1}}\right)}_{n}(k\geqslant 2),$$

显然 $\{I_k\}_{k=1}^{\infty}$ 是 $\displaystyle\prod_{i=1}^{n}[a_i,b_i]$ 的一个有界开方体覆盖，从而

$$m^*(\prod_{i=1}^{n}[a_i,b_i])\leqslant\sum_{k=1}^{\infty}|I_k|=\prod_{i=1}^{n}(b_i-a_i+2\varepsilon)+\sum_{k=2}^{\infty}\left(\frac{\varepsilon}{2^k}\right)^n$$

$$\leqslant\prod_{i=1}^{n}(b_i-a_i+2\varepsilon)+\varepsilon^n.$$

在上述不等式两边令 $\varepsilon\to 0^+$，我们就得到

$$m^*(\prod_{i=1}^{n}[a_i,b_i])\leqslant\prod_{i=1}^{n}(b_i-a_i) .$$

现在证明反向不等式. 对任意正数 ε, 存在 $\prod_{i=1}^{n}[a_i, b_i]$ 的一个有界开方体覆盖 $\{I_k\}_{k=1}^{\infty}$, 使得

$$\sum_{k=1}^{\infty}|I_k| < m^*(\prod_{i=1}^{n}[a_i, b_i]) + \varepsilon .$$

由于 $\{I_k : k \geqslant 1\}$ 是 $\prod_{i=1}^{n}[a_i, b_i]$ 的一个开覆盖且 $\prod_{i=1}^{n}[a_i, b_i]$ 是 $\mathbb{R}^n$ 中的紧致子集

（见 1.3 节例 11）, 从而存在有限多个正整数 $k_1, \cdots, k_l$ 使得 $\{I_{k_1}, \cdots, I_{k_l}\}$ 覆

盖 $\prod_{i=1}^{n}[a_i, b_i]$. 由引理 2.1 知 $\prod_{i=1}^{n}(b_i - a_i) \leqslant \sum_{i=1}^{l}|I_{k_i}|$. 于是

$$\prod_{i=1}^{n}(b_i - a_i) \leqslant \sum_{i=1}^{l}|I_{k_i}| \leqslant \sum_{k=1}^{\infty}|I_k| < m^*(\prod_{i=1}^{n}[a_i, b_i]) + \varepsilon .$$

由 ε 的任意性得到 $\prod_{i=1}^{n}(b_i - a_i) \leqslant m^*(\prod_{i=1}^{n}[a_i, b_i])$. 故

$$m^*(\prod_{i=1}^{n}[a_i, b_i]) = \prod_{i=1}^{n}(b_i - a_i) = |I| .$$

现在设 $I = I_1 \times \cdots \times I_n$ 为 $\mathbb{R}^n$ 中的一个有界方体, 其中每个 I_k $(1 \leqslant k \leqslant n)$

都是有界区间. 对任意 $0 < \varepsilon < \min\{|I_1|, \cdots, |I_n|\}$, 存在有界闭区间 $\widetilde{I_k}$ 和 $\widehat{I_k}$

使得

$$\widetilde{I_k} \subseteq I_k \subseteq \widehat{I_k} ,$$

并且 $|I_k| - |\widetilde{I_k}| < \varepsilon, |\widehat{I_k}| - |I_k| < \varepsilon$. 由外测度的单调性和对有界闭方体证明

的结果得到

$$\prod_{k=1}^{n}(|I_k| - \varepsilon) < \prod_{k=1}^{n}|\widetilde{I_k}| = m^*(\widetilde{I_1} \times \cdots \times \widetilde{I_n}) \leqslant m^*(I_1 \times \cdots \times I_n) \leqslant m^*(\widehat{I_1} \times \cdots \times \widehat{I_n}) = \prod_{k=1}^{n}|\widehat{I_k}|$$

$$< \prod_{k=1}^{n}(|I_k| + \varepsilon).$$

由 ε 的任意性得到 $m^*(I_1 \times \cdots \times I_n) = \prod_{k=1}^{n}|I_k| = |I|$.

现在设 $I = I_1 \times \cdots \times I_n$ 为 $\mathbb{R}^n$ 中的一个无界方体, 从而存在某个正整数

$1 \leqslant i \leqslant n$ 使得 I_i 为无界区间. 对每个 $1 \leqslant j \leqslant n$ 且 $j \neq i$, 我们可以选取一个有界开区间 $\widetilde{I_j}$ 使得 $\widetilde{I_j} \subseteq I_j$. 由于 I_i 为无界区间, 从而对任意正整数 k 我们可以选取一个长度为 k 的有界开区间 $I_{i,k}$ 使得 $I_{i,k} \subseteq I_i$.

由外测度的单调性和对有界方体证明的结果得到

$$k \prod_{\substack{1 \leqslant j \leqslant n \\ j \neq i}} \left| \widetilde{I_j} \right| = m^* \left(\widetilde{I_1} \times \cdots \times \widetilde{I_{i-1}} \times I_{i,k} \times \widetilde{I_{i+1}} \times \cdots \times \widetilde{I_n} \right) \leqslant m^*(I_1 \times \cdots \times I_n) .$$

由于 k 可以任意大, 这表明 $m^*(I_1 \times \cdots \times I_n) = +\infty$. 因此当 $I = I_1 \times \cdots \times I_n$ 是 $\mathbb{R}^n$ 中无界方体时也有 $m^*(I) = |I|$. ∎

定理 2.3 （外测度的平移不变性）设 $E \subseteq \mathbb{R}^n$. 则对任意 $x_0 \in \mathbb{R}^n$ 有 $m^*(x_0 + E) = m^*(E)$, 其中 $x_0 + E = \{x_0 + x : x \in E\}$.

证明 对任意正数 ε, 存在 E 的一个有界开方体覆盖 $\{I_k\}_{k=1}^{\infty}$, 使得 $\sum_{k=1}^{\infty} |I_k| \leqslant m^*(E) + \varepsilon$. 由于 $\{x_0 + I_k\}_{k=1}^{\infty}$ 是 $x_0 + E$ 的一个有界开方体覆盖, 从而

$$m^*(x_0 + E) \leqslant \sum_{k=1}^{\infty} |x_0 + I_k| = \sum_{k=1}^{\infty} |I_k| \leqslant m^*(E) + \varepsilon .$$

由 $m^*(x_0 + E) \leqslant m^*(E)$ 的任意性得到 $m^*(x_0 + E) \leqslant m^*(E)$. 由于 E 可以看成是 $x_0 + E$ 经过 $-x_0$ 的平移得到的, 因此又有 $m^*(E) \leqslant m^*(x_0 + E)$, 从而 $m^*(x_0 + E) = m^*(E)$. ∎

定理 2.4 设 $E \subseteq \mathbb{R}^n$. 则对任意实数 λ 有 $m^*(\lambda E) = |\lambda|^n m^*(E)$, 其中

$$\lambda E = \{\lambda x : x \in E\} .$$

证明 当 $\lambda = 0$ 时, $m^*(\lambda E) = |\lambda|^n m^*(E) = 0$. 现在设 $\lambda \neq 0$. 对任意正数 ε, 存在 E 的一个有界开方体覆盖 $\{I_k\}_{k=1}^{\infty}$, 使得 $\sum_{k=1}^{\infty} |I_k| \leqslant m^*(E) + \dfrac{\varepsilon}{|\lambda|^n}$. 由于 $\{\lambda I_k\}_{k=1}^{\infty}$ 是 λE 的一个有界开方体覆盖, 从而

$$m^*(\lambda E) \leqslant \sum_{k=1}^{\infty} |\lambda I_k| = |\lambda|^n \sum_{k=1}^{\infty} |I_k| \leqslant |\lambda|^n m^*(E) + \varepsilon.$$

由 ε 的任意性得到 $m^*(\lambda E) \leqslant |\lambda|^n m^*(E)$. 另一方面,

$$m^*(E) = m^*(\lambda^{-1} \lambda E) \leqslant |\lambda^{-1}|^n m^*(\lambda E) = |\lambda|^{-n} m^*(\lambda E).$$

故 $|\lambda|^n m^*(E) \leqslant m^*(\lambda E)$. 因此 $m^*(\lambda E) = |\lambda|^n m^*(E)$. ∎

习题 2.1

1. 设 $A \subseteq \mathbb{R}^n$. 证明若 A 有界, 则 $m^*(A) < +\infty$.

2. 设 $E \subseteq [a, b]$, $m^*(E) > 0$, $0 < c < m^*(E)$, 证明存在 E 的子集 A, 使得 $m^*(A) = c$. (提示: 考虑函数 $f(x) = m^*([a, x) \cap E)$ $(a \leqslant x \leqslant b)$, 可以证明 f 在 $[a, b]$ 上连续, 再应用连续函数的介值性定理, 存在 $\xi \in (a, b)$ 使得 $f(\xi) = c$, 取 $A = [a, \xi) \cap E$, 即得证)

3. 设 $A \subseteq \mathbb{R}^n$ 且 $m^*(A) = 0$, 证明对任意的 $B \subseteq \mathbb{R}^n$, 有

$$m^*(A \cup B) = m^*(B) = m^*(B \setminus A).$$

4. 设 $A, B \subseteq \mathbb{R}^n$, 且 $m^*(A), m^*(B) < +\infty$, 证明

$$\left| m^*(A) - m^*(B) \right| \leqslant m^*(A \Delta B).$$

5. 设 $E \subseteq \mathbb{R}^n$. 若对任意的 $x \in E$, 存在 x 的一个球形邻域 $B(x, \delta_x)$ 使得 $m^*(E \cap B(x, \delta_x)) = 0$, 证明 $m^*(E) = 0$. (提示: 对任意的 $x \in E$, 存在一个以有理数为端点的有界开方体 I_x 使得 $x \in I_x \subseteq B(x, \delta_x)$, 从而 $m^*(E \cap I_x) = 0$. 注意到 $E = \bigcup_{x \in E} E \cap I_x$ 且 $\{I_x : x \in E\}$ 是可数集, 由外测度的次可列可加性和次有限可加性可以得到 $m^*(E) = 0$)

2.2　Lebesgue 可测集与 Lebesgue 测度

2.2.1　Lebesgue 可测集的定义

在 2.1 节中引入的 Lebesgue 外测度 m^* 虽然具有一些与长度、面积和体积类似的性质. 但 m^* 不具有可列可加性, 即当 $\{A_k\}$ 是 $\mathbb{R}^n$ 中的一列互不相交的集合时, 不一定有

$$m^*(\bigcup_{k=1}^{\infty} A_k) = \sum_{k=1}^{\infty} m^*(A_k)$$

（例子见本节例 3). 这表明 Lebesgue 外测度还不是那种类似于长度、面积和体积的度量. 出现这种情况是因为在 $\mathbb{R}^n$ 中, 存在一些性质不好的集合破坏了 Lebesgue 外测度的可列可加性. 本节讨论的 Lebesgue 可测集就是通过某种限制条件挑选出的一部分所谓 "好" 的集合. 我们将看到, 一方面 Lebesgue 可测集足够多, 足以满足应用上的需要. 另一方面, 将 m^* 限制在 Lebesgue 可测集上时 m^* 满足可列可加性, 从而成为所需要的那种度量. 这时我们将 Lebesgue 外测度改称为 Lebesgue 测度.

那么, 应该根据什么条件来挑选这种 "好" 的集合呢? 假定我们已经按照某种条件挑选出一类集合, 这一类集合的全体暂记为 $\mathfrak{M}(\mathbb{R}^n)$, 使得将 Lebesgue 外测度 m^* 限制在 $\mathfrak{M}(\mathbb{R}^n)$ 上时具有可列可加性. 此外我们还要求 $\mathfrak{M}(\mathbb{R}^n)$ 是一个 σ - 代数, 并且包含一些常见的集合, 例如所有的方体. 在这种条件下, 我们看看 $\mathfrak{M}(\mathbb{R}^n)$ 中的成员应该满足什么样的条件. 设 $E \in \mathfrak{M}(\mathbb{R}^n)$. 对任意方体 I, 由于 $I \in \mathfrak{M}(\mathbb{R}^n)$, 因此

$$I \cap E, \ I \cap E^C \in \mathfrak{M}(\mathbb{R}^n) \ .$$

显 然 $(I \cap E) \cap (I \cap E^C) = \varnothing, (I \cap E) \cup (I \cap E^C) = I$. 既然 m^* 在 $\mathfrak{M}(\mathbb{R}^n)$ 上具有可列可加性, 于是 m^* 在 $\mathfrak{M}(\mathbb{R}^n)$ 上也具有有限可加性, 此

时应有

$$m^*(I) = m^*(I \bigcap E) + m^*(I \bigcap E^C). \qquad (2.1)$$

以上分析表明，$E \in \mathfrak{M}(\mathbb{R}^n)$ 的必要条件是对任意方体 I，式（2.1）成立. 我们证明式（2.1）实际上等价于一个更强的条件.

引理 2.2 设 $E \subseteq \mathbb{R}^n$. 则式（2.1）对任意有界开方体 I 都成立的充要条件是对任意 $A \subseteq \mathbb{R}^n$ 有

$$m^*(A) = m^*(A \bigcap E) + m^*(A \bigcap E^C). \qquad (2.2)$$

证明 只需证明必要性. 设式（2.1）成立. 由于

$$A = (A \bigcap E) \bigcup (A \bigcap E^C),$$

由外测度的次有限可加性得到

$$m^*(A) \leqslant m^*(A \bigcap E) + m^*(A \bigcap E^C). \qquad (2.3)$$

再证明反向的不等式. 对任意正数 ε，存在 A 的一个有界开方体覆盖 $\{I_k\}_{k=1}^{\infty}$，使得 $\sum\limits_{k=1}^{\infty} |I_k| \leqslant m^*(A) + \varepsilon$. 由于

$$A \bigcap E \subseteq (\bigcup_{k=1}^{\infty} I_k) \bigcap E = \bigcup_{k=1}^{\infty} (I_k \bigcap E),$$

$$A \bigcap E^C \subseteq (\bigcup_{k=1}^{\infty} I_k) \bigcap E^C = \bigcup_{k=1}^{\infty} (I_k \bigcap E^C),$$

由外测度的次可列可加性，得到

$$m^*(A \bigcap E) \leqslant \sum_{k=1}^{\infty} m^*(I_k \bigcap E),$$

$$m^*(A \bigcap E^C) \leqslant \sum_{k=1}^{\infty} m^*(I_k \bigcap E^C).$$

利用以上两式和式（2.1）得到

$$m^*(A \cap E) + m^*(A \cap E^C) \leqslant \sum_{k=1}^{\infty} m^*(I_k \cap E) + \sum_{k=1}^{\infty} m^*(I_k \cap E^C)$$

$$= \sum_{k=1}^{\infty} [m^*(I_k \cap E) + m^*(I_k \cap E^C)]$$

$$= \sum_{k=1}^{\infty} m^*(I_k) = \sum_{k=1}^{\infty} |I_k|$$

$$\leqslant m^*(A) + \varepsilon.$$

由 ε 的任意性得到

$$m^*(A \cap E) + m^*(A \cap E^C) \leqslant m^*(A) . \qquad (2.4)$$

综合式（2.3）和式（2.4）得到式（2.2）. ∎

从以上讨论知道，若要求 m^* 限制在 $\mathfrak{M}$ 上具有可列可加性，则 $\mathfrak{M}$ 中的成员要满足的必要条件是式（2.1）. 式（2.2）与式（2.1）等价但在形式上更具有一般性，因此我们宁愿采用式（2.2）. 下面我们就根据式（2.2）这个条件给出 Lebesgue 可测集的定义.

定义 2.3 设 $E \subseteq \mathbb{R}^n$.

（1）若对任意 $A \subseteq \mathbb{R}^n$ 有 $m^*(A) = m^*(A \cap E) + m^*(A \cap E^C)$ ，则称 E 是 Lebesgue 可测集.

（2）若 E 是 Lebesgue 可测集，则称 $m^*(E)$ 为 E 的 Lebesgue 测度，记为 $m(E)$.

在不会引起混淆的情形下，Lebesgue 可测集和 Lebesgue 测度可以分别简称为可测集和测度. $\mathbb{R}^n$ 中的可测集的全体记为 $\mathfrak{M}(\mathbb{R}^n)$.

式（2.2）称为 Caratheodory 条件（简称为卡氏条件）. 由于不等式（2.3）总是成立的，因此卡氏条件等价于对任意 $A \subseteq \mathbb{R}^n$ 有

$$m^*(A) \geqslant m^*(A \cap E) + m^*(A \cap E^C) .$$

以下是可测集的一些例子.

例 1　（1）外测度为零的集合是可测集.

（2）零测度集合的子集也是可测集.

（3）可数集是可测集，并且测度为零.

证明　（1）设 $m^*(E) = 0$. 对任意 $A \subseteq \mathbb{R}^n$，我们有

$$m^*(A) = m^*(E) + m^*(A) \geqslant m^*(A \bigcap E) + m^*(A \bigcap E^C) .$$

即 E 满足卡氏条件，因此 E 是可测集. 由于 $m(E) = 0$，称 E 是零测度集合.

（2）设 E 是零测度集合，$E_1 \subseteq E$. 由于 $m^*(E_1) \leqslant m(E) = 0$，故 $m^*(E_1) = 0$. 由结论（1）知道 E_1 也是可测集.

（3）根据 2.1 节例 2 和例 3，可数集的外测度为零，再由结论（1）即知. ■

特别地，有理数集合 $\mathbb{Q}$ 是可测集，并且 $m(\mathbb{Q}) = 0$.

例 2　设 a 是任意一个实数，形如

$$\{(x_1, \cdots, x_n) \in \mathbb{R}^n : x_i > a\}$$

的无界开方体是可测集，其中 $1 \leqslant i \leqslant n$.

证明　记 $I = \{(x_1, \cdots, x_n) \in \mathbb{R}^n : x_i > a\}$. 设 $J = \prod_{j=1}^n (a_j, b_j)$ 是 $\mathbb{R}^n$ 中的任意一个有界开方体. 下面我们证明

$$m^*(J) = m^*(J \bigcap I) + m^*(J \bigcap I^C) .$$

由外测度的次有限可加性得到

$$m^*(J) \leqslant m^*(J \bigcap I) + m^*(J \bigcap I^C) .$$

接下来我们证明

$$m^*(J) \geqslant m^*(J \cap I) + m^*(J \cap I^C) . \qquad (2.5)$$

如果 $J \cap I = \varnothing$ 或者 $J \cap I^C = \varnothing$，式（2.5）是显然的．现在我们假设 $J \cap I \neq \varnothing$ 且 $J \cap I^C \neq \varnothing$．容易知道

$$J \cap I = (a_1, b_1) \times \cdots \times ((a_i, b_i) \cap (a, +\infty)) \times \cdots \times (a_n, b_n) ,$$

$$J \cap I^C = (a_1, b_1) \times \cdots \times ((a_i, b_i) \cap (-\infty, a]) \times \cdots \times (a_n, b_n) .$$

由于 $J \cap I \neq \varnothing$ 且 $J \cap I^C \neq \varnothing$，从而

$$(a_i, b_i) \cap (a, +\infty) \neq \varnothing ,$$

$$(a_i, b_i) \cap (-\infty, a] \neq \varnothing .$$

这表明 $a_i < a < b_i$，此时 $(a_i, b_i) \cap (a, +\infty) = (a, b_i)$，$(a_i, b_i) \cap (-\infty, a] = (a_i, a]$．故

$$J \cap I = (a_1, b_1) \times \cdots \times (a, b_i) \times \cdots \times (a_n, b_n) ,$$

$$J \cap I^C = (a_1, b_1) \times \cdots \times (a_i, a] \times \cdots \times (a_n, b_n) .$$

根据 2.1 节定理 2.2，

$$m^*(J \cap I) = \left| J \cap I \right| = (b_i - a) \prod_{\substack{1 \leqslant j \leqslant n \\ j \neq i}} (b_j - a_j) ,$$

$$m^*(J \cap I^C) = \left| J \cap I^C \right| = (a - a_i) \prod_{\substack{1 \leqslant j \leqslant n \\ j \neq i}} (b_j - a_j) .$$

于是

$$m^*(J \cap I) + m^*(J \cap I^C) = (b_i - a) \prod_{\substack{1 \leqslant j \leqslant n \\ j \neq i}} (b_j - a_j) + (a - a_i) \prod_{\substack{1 \leqslant j \leqslant n \\ j \neq i}} (b_j - a_j)$$

$$= (b_i - a_i) \prod_{\substack{1 \leqslant j \leqslant n \\ j \neq i}} (b_j - a_j)$$

$$= \prod_{j=1}^{n} (b_j - a_j)$$

$$= |J|$$

$$= m^*(J).$$

因此

$$m^*(J) = m^*(J \cap I) + m^*(J \cap I^C) .$$

根据引理 2.2，I 满足卡氏条件. 因此 I 是可测集. ∎

2.2.2　Lebesgue 可测集与 Lebesgue 测度的性质

如前所述，我们用卡氏条件挑选出一部分"好的集合"即可测集，希望一方面可测集足够多，并且要有很好的运算封闭性. 另一方面，把外测度限制在可测集上要满足可列可加性. 下面我们将证明，可测集确实具有这些好的性质.

引理 2.3　（Lebesgue 可测集的性质）

（1）空集 $\varnothing$ 和全空间 $\mathbb{R}^n$ 都是可测集.

（2）如果 E 是可测集，那么 $\mathbb{R}^n \setminus E$ 也是可测集.

（3）如果 $E_1, E_2, \cdots, E_k$ 是可测集，那么 $\bigcup_{i=1}^{k} E_i$ 也是可测集.

（4）如果 $E_1, E_2, \cdots, E_k$ 是可测集，那么 $\bigcap_{i=1}^{k} E_i$ 也是可测集.

（5）如果 E_1, E_2 是可测集，那么 $E_1 \setminus E_2$ 也是可测集.

（6）（平移不变性）如果 E 是可测集，$x_0 \in \mathbb{R}^n$，那么 $x_0 + E$ 也是可测集.

（7）如果 E 是可测集，$\lambda \in \mathbb{R}$，那么 λE 也是可测集.

证明　（1），（2）都是显然的.

（3）先证明当 $k = 2$ 时结论成立. 令 $E = E_1 \bigcup E_2$. 注意到

$$E = E_1 \bigcup (E_1^C \bigcap E_2) ,$$

利用 E_1 和 E_2 的可测性，对任意 $A \subseteq \mathbb{R}^n$，我们有

$$m^*(A\bigcap E)+m^*(A\bigcap E^C)$$
$$\leqslant [m^*(A\bigcap E_1)+m^*(A\bigcap E_1^C \bigcap E_2)]+m^*(A\bigcap E_1^C \bigcap E_2^C)$$
$$= m^*(A\bigcap E_1)+[m^*(A\bigcap E_1^C \bigcap E_2)+m^*(A\bigcap E_1^C \bigcap E_2^C)]$$
$$= m^*(A\bigcap E_1)+m^*(A\bigcap E_1^C)$$
$$= m^*(A).$$

上式表明 E 满足卡氏条件，因此 $E=E_1\bigcup E_2$ 是可测集．重复利用这个

结论知道 $\bigcup_{i=1}^{k}E_i$ 是可测集．

（4）由于 $\bigcap_{i=1}^{k}E_i=(\bigcup_{i=1}^{k}E_i^C)^C$，根据（2），（3）知 $\bigcup_{i=1}^{k}E_i^C$ 是可测集，

再根据（2）知 $\bigcap_{i=1}^{k}E_i=(\bigcup_{i=1}^{k}E_i^C)^C$ 是可测集．

（5）由于 $E_1 \setminus E_2=E_1\bigcap E_2^C$，根据（2），（4）知 $E_1 \setminus E_2=E_1\bigcap E_2^C$

是可测集．

（6）对任意 $A\subseteq \mathbb{R}^n$，我们有

$$x_0+A\bigcap E=(x_0+A)\bigcap (x_0+E). \tag{2.6}$$

$$x_0+E^C=(x_0+E)^C. \tag{2.7}$$

若 E 是可测集．利用外测度的平移不变性（见2.1节定理2.3）和式
（2.6）、式（2.7）两式得到

$$m^*(x_0+A)=m^*(A)$$
$$= m^*(A\bigcap E)+m^*(A\bigcap E^C)$$
$$= m^*(x_0+A\bigcap E)+m^*(x_0+A\bigcap E^C)$$
$$= m^*((x_0+A)\bigcap (x_0+E))+m^*((x_0+A)\bigcap (x_0+E^C))$$
$$= m^*((x_0+A)\bigcap (x_0+E))+m^*((x_0+A)\bigcap (x_0+E)^C).$$

将上式中的 A 换成 $-x_0+A$ 得到

$$m^*(A) = m^*(A \bigcap (x_0 + E)) + m^*(A \bigcap (x_0 + E)^C) .$$

这表明 $x_0 + E$ 满足卡氏条件，因此 $x_0 + E$ 是可测集.

（7）当 $\lambda = 0$ 时，$\lambda E = \varnothing$ 或者 $\lambda E = \{0\}$，此时 λE 是可测集. 现在我们假设 $\lambda \neq 0$. 对任意 $A \subseteq \mathbb{R}^n$，我们有

$$A \bigcap \lambda E = \lambda(\lambda^{-1} A \bigcap E) . \tag{2.8}$$

$$(\lambda E)^C = \lambda E^C . \tag{2.9}$$

若 E 是可测集. 利用 2.1 节定理 2.4 和式（2.8）、式（2.9）两式得到

$$
\begin{aligned}
& m^*(A \bigcap \lambda E) + m^*(A \bigcap (\lambda E)^C) \\
={} & m^*(\lambda(\lambda^{-1} A \bigcap E)) + m^*(A \bigcap \lambda E^C) \\
={} & m^*(\lambda(\lambda^{-1} A \bigcap E)) + m^*(\lambda(\lambda^{-1} A \bigcap E^C)) \\
={} & |\lambda|^n m^*(\lambda^{-1} A \bigcap E) + |\lambda|^n m^*(\lambda^{-1} A \bigcap E^C) \\
={} & |\lambda|^n m^*(\lambda^{-1} A) \\
={} & |\lambda|^n |\lambda^{-1}|^n m^*(A) \\
={} & m^*(A).
\end{aligned}
$$

这表明 λE 满足卡氏条件，因此 λE 是可测集. ∎

引理 2.4　若 $E_1, E_2, \cdots, E_k$ 是互不相交的可测集，$A_i \subseteq E_i$ $(i = 1, 2, \cdots, k)$. 得到

$$m^*\left(\bigcup_{i=1}^{k} A_i\right) = \sum_{i=1}^{k} m^*(A_i) . \tag{2.10}$$

证明　先证明当 $k = 2$ 时结论成立. 因为 E_1 和 E_2 是互不相交的，并且 $A_1 \subseteq E_1$，$A_2 \subseteq E_2$，所以

$$(A_1 \bigcup A_2) \bigcap E_1 = A_1, \quad (A_1 \bigcup A_2) \bigcap E_1^C = A_2 .$$

由于 E_1 是可测的，利用卡氏条件有

$$m^*(A_1 \bigcup A_2) = m^*((A_1 \bigcup A_2) \bigcap E_1) + m^*((A_1 \bigcup A_2) \bigcap E_1^C)$$
$$= m^*(A_1) + m^*(A_2).$$

重复利用这个结论知道式（2.10）对任意的正整数 k 成立 . ∎

引理 2.5 设 $\{E_k\}$ 是 $\mathbb{R}^n$ 中的一列可测集，则 $\bigcup_{k=1}^{\infty} E_k$ 也是可测集 .

证明 令 $E_1^* = E_1$，$E_k^* = E_k \setminus \bigcup_{j=1}^{k-1} E_j (k \geq 2)$，则

$$E_i^* \bigcap E_j^* = \varnothing \, (i \neq j) \text{ 且 } \bigcup_{k=1}^{\infty} E_k^* = \bigcup_{k=1}^{\infty} E_k .$$

由引理 2.3 知每个 E_k^* 也是可测集 . 下面我们只需证明 $\bigcup_{k=1}^{\infty} E_k^*$ 是可测集 . 令 $E = \bigcup_{k=1}^{\infty} E_k^*$. 对任意 $A \subseteq \mathbb{R}^n$，由于 $A \bigcap E_i^* \subseteq E_i^* \, (i \geq 1)$，利用引理 2.4 得到

$$m^*(\bigcup_{i=1}^{k}(A \bigcap E_i^*)) = \sum_{i=1}^{k} m^*(A \bigcap E_i^*) \, (k=1, 2, \cdots) . \tag{2.11}$$

由引理 2.3，对任意正整数 k，$\bigcup_{i=1}^{k} E_i^*$ 是可测集 . 利用卡氏条件和式（2.11），有

$$m^*(A) = m^*(A \bigcap \bigcup_{i=1}^{k} E_i^*) + m^*(A \bigcap (\bigcup_{i=1}^{k} E_i^*)^C)$$
$$\geq m^*(\bigcup_{i=1}^{k}(A \bigcap E_i^*)) + m^*(A \bigcap E^C)$$
$$= \sum_{i=1}^{k} m^*(A \bigcap E_i^*) + m^*(A \bigcap E^C). \tag{2.12}$$

在式（2.12）中令 $k \to \infty$，并利用外测度的次可列可加性得到

$$m^*(A) \geq \sum_{i=1}^{\yen} m^*(A \cap E_i^*) + m^*(A \cap E^C)$$

$$\geq m^*(\bigcup_{i=1}^{\yen} A \cap E_i^*) + m^*(A \cap E^C)$$

$$= m^*(A \cap E) + m^*(A \cap E^C). \qquad (2.13)$$

式（2.13）表明 E 满足卡氏条件. 因此 E 是可测集. ∎

定理 2.5 可测集的全体 $\mathfrak{M}(\mathbb{R}^n)$ 是一个 σ – 代数.

证明 这由引理 2.3（1），（2）以及引理 2.5 直接得到. ∎

根据定埋 2.5，可测集的全体 $\mathfrak{M}(\mathbb{R}^n)$ 是一个 σ – 代数，因此可测集具有很好的运算封闭性.

引理 2.6 每个有界开方体都是可测集.

证明 我们分三步去证明任意一个有界开方体为可测集.

第一步，我们证明对任意的实数 a, b 且 $a < b$，形如

$$\left\{ (x_1, \cdots, x_n) \in \mathbb{R}^n : a < x_i \leq b \right\}$$

的无界开方体是可测集，其中 $1 \leq i \leq n$. 由 2.2 节例 2 知

$$\left\{ (x_1, \cdots, x_n) \in \mathbb{R}^n : x_i > a \right\}$$

以及

$$\left\{ (x_1, \cdots, x_n) \in \mathbb{R}^n : x_i > b \right\}$$

都是可测集. 再由引理 2.3 知

$$\left\{ (x_1, \cdots, x_n) \in \mathbb{R}^n : x_i > a \right\} \setminus \left\{ (x_1, \cdots, x_n) \in \mathbb{R}^n : x_i > b \right\}$$

$$= \left\{ (x_1, \cdots, x_n) \in \mathbb{R}^n : a < x_i \leq b \right\}$$

是可测集.

第二步，我们证明对任意的实数 a, b 且 $a < b$，形如

$$\left\{(x_1,\cdots,x_n)\in\mathbb{R}^n:a<x_i<b\right\}$$

的无界开方体是可测集，其中 $1\leqslant i\leqslant n$. 注意到

$$\left\{(x_1,\cdots,x_n)\in\mathbb{R}^n:a<x_i<b\right\}=\bigcup_{k=[\frac{1}{b-a}]+1}^{\infty}\left\{(x_1,\cdots,x_n)\in\mathbb{R}^n:a<x_i\leqslant b-\frac{1}{k}\right\}.$$

由第一步知，对每个正整数 $k\geqslant\left[\dfrac{1}{b-a}\right]+1$（其中 $\left[\dfrac{1}{b-a}\right]$ 为不超过 $\dfrac{1}{b-a}$ 的最大整数），$\left\{(x_1,\cdots,x_n)\in\mathbb{R}^n:a<x_i\leqslant b-\dfrac{1}{k}\right\}$ 是可测集. 再由引理 2.5 知

$$\bigcup_{k=[\frac{1}{b-a}]+1}^{\infty}\left\{(x_1,\cdots,x_n)\in\mathbb{R}^n:a<x_i\leqslant b-\frac{1}{k}\right\}$$

为可测集，从而 $\left\{(x_1,\cdots,x_n)\in\mathbb{R}^n:a<x_i<b\right\}$ 是可测集.

第三步，我们证明任意一个有界开方体 $I=\prod\limits_{j=1}^{n}(a_j,b_j)$ 是可测集. 注意到

$$\prod_{j=1}^{n}(a_j,b_j)=\bigcap_{j=1}^{n}\left\{(x_1,\cdots,x_n)\in\mathbb{R}^n:a_j<x_j<b_j\right\}.$$

由第二步知，对每个正整数 $1\leqslant j\leqslant n$，$\left\{(x_1,\cdots,x_n)\in\mathbb{R}^n:a_j<x_j<b_j\right\}$ 是可测集. 再由引理 2.3 知

$$\bigcap_{j=1}^{n}\left\{(x_1,\cdots,x_n)\in\mathbb{R}^n:a_j<x_j<b_j\right\}$$

是可测集，从而 $I=\prod\limits_{j=1}^{n}(a_j,b_j)$ 是可测集. ∎

引理 2.7　$\mathbb{R}^n$ 中的每个开集都是可测集.

证明　空集显然是可测集. 接下来我们只需证明 $\mathbb{R}^n$ 中的每个非空开集

都是可测集.根据 1.3 节定理 1.21,$\mathbb{R}^n$ 中的每个非空开集都可以表示为可数个有界开方体的并集.由引理 2.6 知每个有界开方体都是可测集,而 $\mathfrak{M}(\mathbb{R}^n)$ 对有限并或者可列并运算封闭,所以 $\mathbb{R}^n$ 中的每个非空开集都是可测集.∎

定理 2.6　每个 Borel 集都是可测集,即 $\mathfrak{B}(\mathbb{R}^n) \subseteq \mathfrak{M}(\mathbb{R}^n)$.

证明　设 Γ 是由 $\mathbb{R}^n$ 中的所有开集构成的集合族.由引理 2.7 知 $\mathbb{R}^n$ 中的每个开集都是可测集,从而 $\mathfrak{M}(\mathbb{R}^n)$ 是一个包含 Γ 的 $\sigma-$ 代数.注意到 $\mathfrak{B}(\mathbb{R}^n)$ 是包含 Γ 的最小 $\sigma-$ 代数,由此得到

$$\mathfrak{B}(\mathbb{R}^n) \subseteq \mathfrak{M}(\mathbb{R}^n) . \blacksquare$$

定理 2.6 表明,所有 Borel 集都是可测集.因此开集、闭集、可数集、各种类型的方体、F_σ 型集和 G_δ 型集都是可测集,因此可测集的全体 $\mathfrak{M}(\mathbb{R}^n)$ 是一个很大的集类,一些常见的集合都是可测集.在本节中我们将给出一个不可测集合的例子.

由于可测集的测度就是这个集合的外测度,因此外测度的性质也是测度的性质.所以测度具有单调性、次可列可加性和次有限可加性.下面的定理给出了测度的可列可加性,以及其他几个重要的性质.

定理 2.7　测度具有如下性质:

（1）有限可加性:若 $E_1, E_2, \cdots, E_k$ 是互不相交的可测集,则

$$m(\bigcup_{i=1}^{k} E_i) = \sum_{i=1}^{k} m(E_i) .$$

（2）可减性:若 A, B 是可测集,$A \subseteq B$ 并且 $m(A) < +\infty$,则

$$m(B \setminus A) = m(B) - m(A) .$$

（3）可列可加性:若 $\{A_k\}$ 是一列互不相交的可测集,则

$$m(\bigcup_{k=1}^{\infty} A_k) = \sum_{k=1}^{\infty} m(A_k) .$$

（4）下连续性：若$\{A_k\}$是一列单调递增的可测集，则

$$m(\bigcup_{k=1}^{\infty}A_k)=\lim_{k\to\infty}m(A_k)\ .$$

（5）上连续性：若$\{A_k\}$是一列单调递减的可测集，并且$m(A_1)<+\infty$，则

$$m(\bigcap_{k=1}^{\infty}A_k)=\lim_{k\to\infty}m(A_k)\ .$$

证明 （1）在引理 2.4 中令$A_i=E_i\ (i=1,2,\cdots,k)$即得．

（2）由于$A\subseteq B$，因此

$$B=A\bigcup(B\setminus A),\quad A\bigcap(B\setminus A)=\varnothing\ .$$

由测度的有限可加性得到

$$m(B)=m(A)+m(B\setminus A)\ .$$

由于$0\leqslant m(A)<+\infty$，由上式即得$m(B\setminus A)=m(B)-m(A)$．

（3）由于测度是有限可加的，对任意正整数k，有

$$\sum_{i=1}^{k}m(A_i)=m(\bigcup_{i=1}^{k}A_i)\leqslant m(\bigcup_{i=1}^{\infty}A_i)\ .$$

在上式中令$k\to\infty$，得到

$$\sum_{i=1}^{\infty}m(A_i)\leqslant m(\bigcup_{i=1}^{\infty}A_i)\ .$$

另一方面，由测度的次可列可加性，$m(\bigcup_{i=1}^{\infty}A_i)\leqslant\sum_{i=1}^{\infty}m(A_i)$．因此

$$m(\bigcup_{i=1}^{\infty}A_i)=\sum_{i=1}^{\infty}m(A_i)\ .$$

（4）令$B_1=A_1,B_k=A_k\setminus A_{k-1}\ (k\geqslant2)$．则有$B_i\bigcap B_j=\varnothing\ (i\neq j)$，并且

$$A_k=\bigcup_{i=1}^{k}B_i,\quad\bigcup_{i=1}^{\infty}A_i=\bigcup_{i=1}^{\infty}B_i\ .$$

由测度的可列可加性，得到

$$m(\bigcup_{i=1}^{\infty} A_i) = m(\bigcup_{i=1}^{\infty} B_i) = \sum_{i=1}^{\infty} m(B_i) = \lim_{k \to \infty} \sum_{i=1}^{k} m(B_i) = \lim_{k \to \infty} m(\bigcup_{i=1}^{k} B_i) = \lim_{k \to \infty} m(A_k) .$$

（5）令 $B_k = A_1 \setminus A_k$ $(k \geqslant 1)$ ．则 $\{B_k\}$ 是单调递增的，并且

$$\bigcup_{k=1}^{\infty} B_k = \bigcup_{k=1}^{\infty} (A_1 \setminus A_k) = A_1 \setminus \bigcap_{k=1}^{\infty} A_k .$$

注意到 $m(\bigcap_{k=1}^{\infty} A_k) \leqslant m(A_k) \leqslant m(A_1) < +\infty$ ，利用测度的可减性和下连续性，我们有

$$
\begin{aligned}
m(A_1) - m(\bigcap_{k=1}^{\infty} A_k) &= m(\bigcup_{k=1}^{\infty} B_k) \\
&= \lim_{k \to \infty} m(B_k) \\
&= \lim_{k \to \infty} (m(A_1) - m(A_k)) \\
&= m(A_1) - \lim_{k \to \infty} m(A_k).
\end{aligned}
$$

注意到 $0 \leqslant m(A_1) < +\infty$ ，由上式得到 $m(\bigcap_{k=1}^{\infty} A_k) = \lim_{k \to \infty} m(A_k)$ ．∎

注：在定理 2.7 的结论（2）中，若 $m(A) = +\infty$ ，则也有 $m(B) = +\infty$ ．此时 $m(B) - m(A)$ 无意义．因此在测度的可减性中要求 $m(A) < +\infty$ ．此外，在定理 2.7 的结论（5）中，若去掉条件 $m(A_1) < +\infty$ ，则不能保证（5）中的等式成立．例如，设 $A_k = [k, +\infty)$ $(k = 1, 2, \cdots)$ ，则 $\{A_k\}$ 是单调递减的，并且 $\bigcap_{k=1}^{\infty} A_k = \varnothing$ ．于是 $m(\bigcap_{k=1}^{\infty} A_k) = 0$ ．另一方面，由于

$$m(A_k) = +\infty \ (k \geqslant 1) ,$$

因此 $\lim_{k \to \infty} m(A_k) = +\infty$ ．这表明此时

$$m(\bigcap_{k=1}^{\infty} A_k) \neq \lim_{k \to \infty} m(A_k) .$$

定理 2.7 表明，可测集的测度具有与长度、面积和体积类似的性质，而且由于方体的测度就是方体的体积，因此 Lebesgue 测度确实是长度、面积和体积概念的推广．

2.2.3 Lebesgue 可测集的逼近性质

可测集可以用较熟悉的集合例如开集、闭集等来逼近．

定理 2.8 设 E 为 $\mathbb{R}^n$ 中的可测集．则：

（1）对任意 $\varepsilon > 0$，存在开集 $G \supseteq E$，使得 $m(G \setminus E) < \varepsilon$．

（2）对任意 $\varepsilon > 0$，存在闭集 $F \subseteq E$，使得 $m(E \setminus F) < \varepsilon$．

（3）存在 F_σ 型集 $G \supseteq E$，使得 $m(G \setminus E) = 0$．

（4）存在 G_δ 型集 $F \subseteq E$，使得 $m(E \setminus F) = 0$．

证明 （1）先设 $m(E) < +\infty$．对任意 $\varepsilon > 0$，存在一列有界开方体 $\{I_k\}$ 使得 $E \subseteq \bigcup_{k=1}^{\infty} I_k$ 并且 $\sum_{k=1}^{\infty} |I_k| < m(E) + \varepsilon$．令 $G = \bigcup_{k=1}^{\infty} I_k$，则 G 为开集，$G \supseteq E$ 并且

$$m(G) \leqslant \sum_{k=1}^{\infty} m(I_k) = \sum_{k=1}^{\infty} |I_k| < m(E) + \varepsilon .$$

注意到 $m(E) < +\infty$，由测度的可减性得到

$$m(G \setminus E) = m(G) - m(E) < \varepsilon .$$

现在设 $m(E) = +\infty$．设 $\{A_k\}$ 是 $\mathbb{R}^n$ 中的一列可测集，使得 $m(A_k) < +\infty$ 并且 $\mathbb{R}^n = \bigcup_{k=1}^{\infty} A_k$ （比如我们可以取 $A_k = \underbrace{(-k, k) \times \cdots \times (-k, k)}_{n}$ $(k \geqslant 1)$）．

令 $E_k = E \bigcap A_k$ $(k \geqslant 1)$，则 $m(E_k) < +\infty$ 并且 $E = \bigcup_{k=1}^{\infty} E_k$．由上面所证的结

果，对每个正整数 k ，存在开集 $G_k \supseteq E_k$ ，使得 $m(G_k \setminus E_k) < \dfrac{\varepsilon}{2^k}$. 令

$G = \bigcup\limits_{k=1}^{\infty} G_k$ ，则 G 是开集并且 $G \supseteq E$. 由于

$$G \setminus E = (\bigcup_{k=1}^{\infty} G_k) \setminus (\bigcup_{k=1}^{\infty} E_k) \subseteq \bigcup_{k=1}^{\infty} (G_k \setminus E_k) ,$$

因此

$$m(G \setminus E) \leqslant m(\bigcup_{k=1}^{\infty} (G_k \setminus E_k)) \leqslant \sum_{k=1}^{\infty} m(G_k \setminus E_k) < \sum_{k=1}^{\infty} \frac{\varepsilon}{2^k} = \varepsilon .$$

（2）由于 E^C 也是叫测集，根据（1）的结果，存在开集 $G \supseteq E^C$ ，使得 $m(G \setminus E^C) < \varepsilon$. 令 $F = G^C$ ，则 F 是闭集并且 $F \subseteq E$. 由于

$$E \setminus F = E \bigcap F^C = (E^C)^C \bigcap G = G \setminus E^C ,$$

于是 $m(E \setminus F) = m(G \setminus E^C) < \varepsilon$.

（3）由（1）的结论，对每个正整数 k ，存在开集 $G_k \supseteq E$ ，使得

$m(G_k \setminus E) < \dfrac{1}{k}$. 令 $G = \bigcap\limits_{k=1}^{\infty} G_k$ ，则 G 为 G_δ 型集，$G \supseteq E$ 并且

$$m(G \setminus E) \leqslant m(G_k \setminus E) < \frac{1}{k} \ (k \geqslant 1) .$$

令 $k \to \infty$ ，即得 $m(G \setminus E) = 0$.

（4）由（2）的结论，对每个正整数 k ，存在闭集 $F_k \subseteq E$ ，使得

$m(E \setminus F_k) < \dfrac{1}{k}$. 令 $F = \bigcup\limits_{k=1}^{\infty} F_k$ ，则 F 为 F_σ 型集，$F \subseteq E$ ，并且

$$m(E \setminus F) \leqslant m(E \setminus F_k) < \frac{1}{k} \ (k \geqslant 1) .$$

令 $k \to \infty$ ，即得 $m(E \setminus F) = 0$. ∎

注： 设 E 为 $\mathbb{R}^n$ 中的可测集 . 根据定理 2.8，存在一个 F_σ 型集 $F \subseteq E$ ，使得 $m(E \setminus F) = 0$. 令 $A = E \setminus F$ ，则 $m(A) = 0$ ，并且

$$E = F \bigcup A .$$

这表明每个可测集与一个 Borel 集仅相差一个零测度集合.

2.2.4　不可测集的例子

本节的最后，我们给出一个不可测集的例子. 由于 $\mathbb{R}^n$ 中一些常见的集合都是可测集，例如开集、闭集、可数集、各种类型的方体、F_σ 型集和 G_δ 型集都是可测集. 因此要作出一个不可测集是不容易的. 下面我们要构造出一个不可测集，这其中要用到 Zermelo 选取公理.

Zermelo 选取公理　若 $\left\{A_\alpha\right\}_{\alpha \in I}$ 是一族两两互不相交的非空集合. 则存在一个集合 $E \subseteq \bigcup\limits_{\alpha \in I} A_\alpha$，使得对每个 $\alpha \in I$，$E \bigcap A_\alpha$ 是单点集. 换言之，存在一个集合 E，使得 E 是由每个 A_α 中选取一个元素构成的.

例 3　不可测集的例子. 设 $x, y \in [0,1]$. 若 $x - y$ 是有理数，则称 x 与 y 等价，记为 $x \sim y$. 对任意 $x \in [0,1]$，令

$$[x] = \left\{y \in [0,1] : y \sim x\right\} .$$

$[x]$ 是 $[0,1]$ 的一个子集，称之为由 x 确定的等价类. 容易验证：

（1）若 $x_1 \sim x_2$，则 $[x_1] = [x_2]$.

（2）若 x_1 与 x_2 不等价，则 $[x_1] \bigcap [x_2] = \varnothing$.

因此区间 $[0,1]$ 被分割为一些两两互不相交的等价类. 根据 Zermelo 选取公理，存在 $[0,1]$ 的一个子集 E，使得 E 是由每个等价类中选取一个元素构成的. 我们证明 E 不是可测集.

设 $\{r_1, \cdots, r_n, \cdots\}$ 是 $[-1,1]$ 中的有理数的全体. 对每个正整数 n，令 $E_n = r_n + E$. 则集列 $\{E_n\}$ 具有如下性质：

（1）当 $m \neq n$ 时，$E_m \bigcap E_n = \varnothing$．

若不然，设 $x \in E_m \bigcap E_n$，则 $x - r_m \in E$，$x - r_n \in E$．由于

$$x - r_m - (x - r_n) = r_n - r_m$$

是有理数，故 $x - r_m \sim x - r_n$，因此 $x - r_m$ 和 $x - r_n$ 属于同一等价类．但 $x - r_m \neq x - r_n$．这样 E 就包含了某一等价类中的两个不同的元素．这与 E 的性质矛盾．因此 $E_m \bigcap E_n = \varnothing$．

（2）成立如下包含关系：

$$[0,1] \subseteq \bigcup_{n=1}^{\infty} E_n \subseteq [-1, 2]．$$

事实上，设 $x \in [0,1]$．由 E 的性质，E 应包含 $[x]$ 中的某一元素 y．由于 $x \sim y$，故 $r = x - y$ 是 $[-1,1]$ 中的有理数．设 $r = r_{n_0}$，则 $x = r_{n_0} + y \in E_{n_0}$．这就证明了 $[0,1] \subseteq \bigcup_{n=1}^{\infty} E_n$．至于包含关系 $\bigcup_{n=1}^{\infty} E_n \subseteq [-1, 2]$ 是显然的．

（3）$m^*(\bigcup_{n=1}^{\infty} E_n) \neq \sum_{n=1}^{\infty} m^*(E_n)$．

用反证法．假设 $m^*(\bigcup_{n=1}^{\infty} E_n) = \sum_{n=1}^{\infty} m^*(E_n)$．根据外测度的平移不变性，$m^*(E_n) = m^*(E)$．由于 $m^*(\bigcup_{n=1}^{\infty} E_n) = \sum_{n=1}^{\infty} m^*(E_n)$，从而

$$\sum_{n=1}^{\infty} m^*(E) = \sum_{n=1}^{\infty} m^*(E_n) = m^*(\bigcup_{n=1}^{\infty} E_n) \leqslant m^*([-1, 2]) = 3．$$

故必须 $m^*(E) = 0$．于是 $m^*(\bigcup_{n=1}^{\infty} E_n) = 0$．但是另一方面由于 $[0,1] \subseteq \bigcup_{n=1}^{\infty} E_n$，应有 $m^*(\bigcup_{n=1}^{\infty} E_n) \geqslant m^*([0,1]) = 1$．这样就导致矛盾．因此

$$m^*(\bigcup_{n=1}^{\infty} E_n) \neq \sum_{n=1}^{\infty} m^*(E_n).$$

性质（1）和（3）表明外测度不具有可列可加性.

最后我们证明 E 不是可测集. 用反证法. 假设 E 是可测集. 根据测度的平移不变性，每个 E_n 是可测集. 由性质（1）和测度的可列可加性知道

$$m(\bigcup_{n=1}^{\infty} E_n) = \sum_{n=1}^{\infty} m(E_n),$$ 这和性质（3）矛盾. 因此 E 不是可测集.

习题 2.2

1. 设 $A, B \subseteq \mathbb{R}^n$. 若 A 是可测集，$m^*(A\Delta B) = 0$，证明 B 是可测集，并且 $m(B) = m(A)$. （提示：注意 $B = (A \backslash (A \backslash B)) \bigcup (B \backslash A)$，然后利用可测集的运算封闭性）

2. 设 $A \subseteq \mathbb{R}^n$. 若对任意 $\varepsilon > 0$，存在可测集 $E \subseteq A$ 使得 $m^*(A \backslash E) < \varepsilon$. 证明 A 是可测集.

3. 设 A, B, C 是 $\mathbb{R}^n$ 中的可测集. 证明：

（1）$m(A \bigcup B) + m(A \bigcap B) = m(A) + m(B)$.

（2）若 A, B, C 的测度都是有限的，则

$$m(A \bigcup B \bigcup C) = m(A) + m(B) + m(C) - m(A \bigcap B) - m(A \bigcap C) - m(B \bigcap C)$$
$$+ m(A \bigcap B \bigcap C).$$

4. 设 $\{A_k\}$ 是 $\mathbb{R}^n$ 中的一列可测集. 证明：

（1）$m(\varliminf_{k \to \infty} A_k) \leqslant \varliminf_{k \to \infty} m(A_k)$.

（2）若 $m(\bigcup_{k=1}^{\infty} A_k) < +\infty$，则 $m(\varlimsup_{k \to \infty} A_k) \geqslant \varlimsup_{k \to \infty} m(A_k)$.

（3）若 $m(\bigcup\limits_{k=1}^{\infty} A_k) < +\infty$，并且极限 $\lim\limits_{k\to\infty} A_k$ 存在，则 $\lim\limits_{k\to\infty} m(A_k)$ 存在，

并且 $m(\lim\limits_{k\to\infty} A_k) = \lim\limits_{k\to\infty} m(A_k)$.

5. 设 $\{A_n\}$ 是 $[0,1]$ 中的一列可测集，并且 $m(A_n) = 1\,(n \geqslant 1)$. 证明

$$m(\bigcap_{n=1}^{\infty} A_n) = 1 .$$

6. 设 $\{A_k\}$ 是 $\mathbb{R}^n$ 中的一列可测集，并且 $\sum\limits_{k=1}^{\infty} m(A_k) < +\infty$. 证明

$$m(\varlimsup_{k\to\infty} A_k) = 0 .$$

7. 证明：非空开集的测度大于零 .

第 3 章 Lebesgue 可测函数

设 f 是定义在非空可测集 E 上的函数. 由这个函数可以自然地产生出各种各样的集合, 例如

$$\{x \in E: f(x) > a\}, \quad \{x \in E: a < f(x) \leqslant b\},$$

等等. 为用测度论的方法研究这个函数, 自然要求这些集合是可测集. 但这些集合未必总是可测集. 例如, 设 A 是 $[0,1]$ 中的不可测集, χ_A 是 A 的特征函数, 则

$$\{x \in [0,1]: \chi_A(x) > 0\} = A$$

就不是可测集. 为了避免出现这样的情况, 就要求所讨论的函数是 Lebesgue 可测函数. Lebesgue 可测函数是一类很广泛的函数, 例如所有的连续函数、单调函数都是 Lebesgue 可测函数, 而且 Lebesgue 可测函数类具有相当好的运算封闭性. 这对讨论 Lebesgue 可测函数的积分是十分有利的.

本章的 3.1 节、3.2 节和 3.3 节中分别介绍 Lebesgue 可测函数的基本性质、Lebesgue 可测函数列的收敛和 Lebesgue 可测函数与连续函数的联系.

3.1　Lebesgue 可测函数的性质

为了论述的简便和统一，今后我们在谈到可测函数时允许函数取"$+\infty$"和"$-\infty$"为值.

3.1.1　Lebesgue 可测函数的定义与例子

定义 3.1　设 E 是 $\mathbb{R}^n$ 中的非空可测集，f 是定义在 E 上的广义实值函数.若对任意实数 a，

$$x \in E : f(x) > a$$

是可测集，则称 f 为 E 上的 Lebesgue 可测函数（简称为可测函数），或称 f 在 E 上可测.

例 1　设 E 是 $\mathbb{R}^n$ 中的非空可测集，$c \in \mathbb{R}$．若 $f(x) \equiv c\ (x \in E)$ 是 E 上的常值函数，则 f 在 E 上可测.这是因为对任意实数 a，有

$$\{x \in E : f(x) > a\} = \begin{cases} E, & a < c, \\ \varnothing, & a \geqslant c. \end{cases}$$

因此对任意实数 a，$\{x \in E : f(x) > a\}$ 是可测集，从而 f 在 E 上可测.■

例 2　设 $A \subseteq \mathbb{R}^n$，χ_A 是 A 的特征函数.则对任意实数 a，有

$$\{x \in \mathbb{R}^n : \chi_A(x) > a\} = \begin{cases} \mathbb{R}^n, & a < 0, \\ A, & 0 \leqslant a < 1, \\ \varnothing, & a \geqslant 1. \end{cases}$$

由上式知道 χ_A 在 $\mathbb{R}^n$ 上可测当且仅当 A 为可测集.特别地，设 D 是 $\mathbb{R}$ 上的 Dirichlet 函数

$$D(x) = \begin{cases} 1, & x \in \mathbb{Q}, \\ 0, & x \in \mathbb{R} \setminus \mathbb{Q}, \end{cases}$$

则 $D = \chi_\mathbb{Q}$，其中 $\mathbb{Q}$ 是有理数集合.由于 $\mathbb{Q}$ 是可测集，故 D 在 $\mathbb{R}$ 上可测.■

例3 设 E 是 $\mathbb{R}^n$ 中的非空可测集,f 是 E 上的连续函数,则 f 在 E 上可测. 这是因为,根据 1.3 节例 9,对任意实数 a,存在 $\mathbb{R}^n$ 中的开集 G,使得 $\{x \in E : f(x) > a\} = E \cap G$. 而开集是可测集,因而 f 在 E 上可测. ∎

例4 设 E 是 $\mathbb{R}$ 中的非空可测集,f 是 E 上的单调函数,则 f 在 E 上可测. 我们先假设 f 在 E 上单调增加. 设 a 是任意一个实数. 下面我们证明 $\{x \in E : f(x) > a\}$ 是可测集,因而 f 在 E 上可测.

情形 1. 若 $\{x \in E : f(x) > a\}$ 为空集,显然空集是可测集.

情形 2. 若 $\{x \in E : f(x) > a\}$ 是一个非空数集且有下界. 此时我们记 $I_a = \inf\{x \in E : f(x) > a\}$. 下面我们证明

$$\{x \in E : f(x) > a\} = \begin{cases} E \cap [I_a, +\infty), & I_a \in \{x \in E : f(x) > a\}, \\ E \cap (I_a, +\infty), & I_a \notin \{x \in E : f(x) > a\}. \end{cases}$$

从而 $\{x \in E : f(x) > a\}$ 是可测集. 当 $I_a \notin \{x \in E : f(x) > a\}$ 时,一方面

$$\{x \in E : f(x) > a\} \subseteq E \cap (I_a, +\infty)$$

是显然的. 另一方面,若 $z \in E \cap (I_a, +\infty)$,从而 $z \in E$ 并且 $z > I_a$. 由下确界的性质,存在 $y \in \{x \in E : f(x) > a\}$ 使得 $z > y$. 由于 f 在 E 上单调增加,于是 $f(z) \geq f(y) > a$,这表明 $z \in \{x \in E : f(x) > a\}$. 故

$$E \cap (I_a, +\infty) \subseteq \{x \in E : f(x) > a\}.$$

因此当 $I_a \notin \{x \in E : f(x) > a\}$ 时,$\{x \in E : f(x) > a\} = E \cap (I_a, +\infty)$. 类似地可以证明当 $I_a \in \{x \in E : f(x) > a\}$ 时,$\{x \in E : f(x) > a\} = E \cap [I_a, +\infty)$.

情形 3. 若 $\{x \in E : f(x) > a\}$ 是一个非空数集且无下界. 下面我们证明 $\{x \in E : f(x) > a\} = E$,从而 $\{x \in E : f(x) > a\}$ 是可测集. 一方面

$$\{x \in E : f(x) > a\} \subseteq E$$

是显然的. 另一方面,若 $z \in E$,由于 $\{x \in E : f(x) > a\}$ 无下界,从而 z 不是 $\{x \in E : f(x) > a\}$ 的一个下界,于是存在 $y \in \{x \in E : f(x) > a\}$ 使得 $z > y$. 由

于 f 在 E 上单调增加，于是 $f(z) \geqslant f(y) > a$，这表明 $z \in \{x \in E : f(x) > a\}$．
故 $E \subseteq \{x \in E : f(x) > a\}$．因此 $\{x \in E : f(x) > a\} = E$．

如果 f 在 E 上单调减少，从而 $-f$ 在 E 上单调增加，由上面所证的结果，$-f$ 在 E 上可测，于是 $-(-f) = f$ 在 E 上可测（见本节定理 3.2）．■

例 5　设 E 是 $\mathbb{R}^n$ 中的非空可测集．

（1）若 f 在 E 上可测，E_1 是 E 的非空可测子集，则 f 在 E_1 上可测．

（2）设 E_1 和 E_2 都是 E 的非空可测子集，并且 $E = E_1 \bigcup E_2$．若 f 在 E_1 和 E_2 上可测，则 f 在 E 上可测．

事实上，对任意实数 a，我们有

$$\{x \in E_1 : f(x) > a\} = \{x \in E : f(x) > a\} \bigcap E_1$$
$$\{x \in E : f(x) > a\} = \{x \in E_1 : f(x) > a\} \bigcup \{x \in E_2 : f(x) > a\}.$$

由假设条件知道以上两式的右端的集合都是可测集，因此结论（1）和结论（2）成立．■

定理 3.1　设 E 是 $\mathbb{R}^n$ 中的非空可测集，f 是定义在 E 上的广义实值函数．则以下（1）~（4）是等价的：

（1）f 在 E 上可测．

（2）对任意实数 a，$\{x \in E : f(x) \geqslant a\}$ 是可测集．

（3）对任意实数 a，$\{x \in E : f(x) < a\}$ 是可测集．

（4）对任意实数 a，$\{x \in E : f(x) \leqslant a\}$ 是可测集．

证明　（1）$\Rightarrow$（2）：对任意实数 a，有

$$\{x \in E : f(x) \geqslant a\} = \bigcap_{k=1}^{\infty} \left\{x \in E : f(x) > a - \frac{1}{k}\right\}.$$

由于 f 在 E 上可测，对任意正整数 k，$\left\{x \in E : f(x) > a - \dfrac{1}{k}\right\}$ 是可测集，因而 $\{x \in E : f(x) \geqslant a\}$ 是可测集．

（2）⇒（3）：由等式 $\{x \in E : f(x) < a\} = E \setminus \{x \in E : f(x) \geqslant a\}$ 即知．

（3）⇒（4）：由等式 $\{x \in E : f(x) \leqslant a\} = \bigcap_{k=1}^{\infty} \left\{x \in E : f(x) < a + \frac{1}{k}\right\}$ 即知．

（4）⇒（1）：由等式 $\{x \in E : f(x) > a\} = E \setminus \{x \in E : f(x) \leqslant a\}$ 即知．■

例 6　设 E 是 $\mathbb{R}^n$ 中的非空可测集，f 为 E 上的可测函数，则下列等式中左端的集合皆可测：

（1）$\{x \in E : f(x) = a\} = \{x \in E : f(x) \geqslant a\} \bigcap \{x \in E : f(x) \leqslant a\} \ (a \in \mathbb{R})$．

（2）$\{x \in E : f(x) = +\infty\} = \bigcap_{k=1}^{\infty} \{x \in E : f(x) > k\}$．

（3）$\{x \in E : f(x) = -\infty\} = \bigcap_{k=1}^{\infty} \{x \in E : f(x) < -k\}$．

（4）$\{x \in E : f(x) < +\infty\} = E \setminus \{x \in E : f(x) = +\infty\}$．

（5）$\{x \in E : f(x) > -\infty\} = E \setminus \{x \in E : f(x) = -\infty\}$．

（6）$\{x \in E : a < f(x) < b\} = \{x \in E : f(x) > a\} \bigcap \{x \in E : f(x) < b\} \ (a < b)$．

（7）$\{x \in E : a < f(x) \leqslant b\} = \{x \in E : f(x) > a\} \bigcap \{x \in E : f(x) \leqslant b\} \ (a < b)$．

（8）$\{x \in E : a \leqslant f(x) < b\} = \{x \in E : f(x) \geqslant a\} \bigcap \{x \in E : f(x) < b\} \ (a < b)$．

（9）$\{x \in E : a \leqslant f(x) \leqslant b\} = \{x \in E : f(x) \geqslant a\} \bigcap \{x \in E : f(x) \leqslant b\} \ (a < b)$．■

3.1.2　Lebesgue 可测函数的运算封闭性

我们先在广义实值函数中添置一些运算．

设 E 是 $\mathbb{R}^n$ 的非空子集，f 和 g 都是定义在 E 上的广义实值函数，c 是一个实数，我们规定如下：

$$(cf)(x) = c \cdot f(x) \ (x \in E)；$$

$$|f|(x) = |f(x)| \ (x \in E)；$$

$$(fg)(x) = f(x) \cdot g(x) \ (x \in E)；$$

$$(f+g)(x) = \begin{cases} f(x)+g(x), & x \in E \setminus E_\infty, \\ 0, & x \in E_\infty. \end{cases}$$

其中，$E_\infty = \{x \in E: f(x) = +\infty, g(x) = -\infty\} \bigcup \{x \in E: f(x) = -\infty, g(x) = +\infty\}$.

设 E 是 $\mathbb{R}^n$ 的非空子集，$\{f_k\}$ 是一列定义在 E 上的广义实值函数，我们规定如下：

$$(\sup_{k \geqslant 1} f_k)(x) = \sup_{k \geqslant 1} f_k(x) \, (x \in E) \,;$$

$$(\inf_{k \geqslant 1} f_k)(x) = \inf_{k \geqslant 1} f_k(x) \, (x \in E) \,;$$

$$(\varlimsup_{k \to \infty} f_k)(x) = \inf_{k \geqslant 1} \sup_{m \geqslant k} f_m(x) \, (x \in E) \,;$$

$$(\varliminf_{k \to \infty} f_k)(x) = \sup_{k \geqslant 1} \inf_{m \geqslant k} f_m(x) \, (x \in E) \,.$$

定理 3.2　设 E 是 $\mathbb{R}^n$ 中的非空可测集，f 和 g 都是 E 上的可测函数．则广义实值函数 cf（c 是实数），$f+g$，fg 和 $|f|$ 都在 E 上可测．

证明　（1）若 $c=0$，则 $cf \equiv 0$．由例 1 知道此时 cf 在 E 上可测．当 $c \neq 0$ 时，对任意实数 a，有

$$\begin{aligned} &\{x \in E: (cf)(x) > a\} \\ =\,&\{x \in E: c \cdot f(x) > a\} \\ =\,&\begin{cases} \left\{x \in E: f(x) > \dfrac{a}{c}\right\}, & c > 0, \\ \left\{x \in E: f(x) < \dfrac{a}{c}\right\}, & c < 0. \end{cases} \end{aligned}$$

由于 f 在 E 上可测，$\left\{x \in E: f(x) > \dfrac{a}{c}\right\}$ 和 $\left\{x \in E: f(x) < \dfrac{a}{c}\right\}$ 都是可测集，因此 $\{x \in E: (cf)(x) > a\}$ 是可测集，这表明 cf 在 E 上可测．

（2）记

$$E_\infty = \{x \in E: f(x) = +\infty, g(x) = -\infty\} \bigcup \{x \in E: f(x) = -\infty, g(x) = +\infty\},$$

则

$$(f+g)(x) = \begin{cases} f(x)+g(x), & x \in E \setminus E_\infty, \\ 0, & x \in E_\infty. \end{cases}$$

对任意实数 a，有

$$\{x \in E : (f+g)(x) > a\}$$
$$= \{x \in E_\infty : (f+g)(x) > a\} \bigcup \{x \in E \setminus E_\infty : (f+g)(x) > a\}$$
$$= \{x \in E_\infty : 0 > a\} \bigcup \{x \in E \setminus E_\infty : f(x)+g(x) > a\}.$$

接下来我们证明 $\{x \in E_\infty : 0 > a\}$ 和 $\{x \in E \setminus E_\infty : f(x)+g(x) > a\}$ 都是可测集，从而 $\{x \in E : (f+g)(x) > a\}$ 是可测集，因此 $f+g$ 在 E 上可测．由于

$$\{x \in E_\infty : 0 > a\} = \begin{cases} E_\infty, & a < 0, \\ \varnothing, & a \geqslant 0. \end{cases}$$

且

$$E_\infty = \{x \in E : f(x) = +\infty, g(x) = -\infty\} \bigcup \{x \in E : f(x) = -\infty, g(x) = +\infty\}$$
$$= (\{x \in E : f(x) = +\infty\} \bigcap \{x \in E : g(x) = -\infty\}) \bigcup$$
$$(\{x \in E : f(x) = -\infty\} \bigcap \{x \in E : g(x) = +\infty\})$$

是可测集（见本节例 6），从而 $\{x \in E_\infty : 0 > a\}$ 是可测集．最后我们证明 $\{x \in E \setminus E_\infty : f(x)+g(x) > a\}$ 是可测集．设 $\{r_1, \cdots, r_k, \cdots\}$ 是有理数的全体．对任意固定的 $x \in E \setminus E_\infty$，$f(x)+g(x) > a$ 当且仅当存在有理数 r 使得 $f(x) > r$ 并且 $g(x) > a-r$．因此

$$\{x \in E \setminus E_\infty : f(x)+g(x) > a\}$$
$$= \bigcup_{k=1}^\infty (\{x \in E \setminus E_\infty : f(x) > r_k\} \bigcap \{x \in E \setminus E_\infty : g(x) > a-r_k\}).$$

由于 f 和 g 都在 E 上可测，从而对每个正整数 k，

$$\{x \in E \setminus E_\infty : f(x) > r_k\} = (E \setminus E_\infty) \bigcap \{x \in E : f(x) > r_k\}$$

以及

$$\{x \in E \setminus E_\infty : g(x) > a-r_k\} = (E \setminus E_\infty) \bigcap \{x \in E : g(x) > a-r_k\}$$

都是可测集，于是 $\{x \in E \setminus E_\infty : f(x) > r_k\} \bigcap \{x \in E \setminus E_\infty : g(x) > a-r_k\}$ 是可

测集，因此 $\{x \in E \setminus E_\infty : f(x) + g(x) > a\}$ 是可测集.

（3）先考虑 f 和 g 都是 E 上的实值可测函数的情形. 我们先证明 f^2 在 E 上可测. 对任意实数 a，有

$$\{x \in E : f^2(x) > a\}$$

$$= \begin{cases} E, & a < 0, \\ \{x \in E : f(x) > \sqrt{a}\} \cup \{x \in E : f(x) < -\sqrt{a}\}, & a \geqslant 0. \end{cases}$$

由上式知道 $\{x \in E : f^2(x) > a\}$ 是可测集，故 f^2 在 E 上可测. 再由等式

$$fg = \frac{1}{4}[(f+g)^2 - (f-g)^2]$$

即知 fg 在 E 上可测. 再考虑一般情形. 记

$$E_1 = \{x \in E : -\infty < f(x) < +\infty, -\infty < g(x) < +\infty\},$$

由本节例 6 知 E_1 是可测集. 对任意实数 a，有

$$\{x \in E : (fg)(x) > a\} = \{x \in E_1 : (fg)(x) > a\} \cup \{x \in E \setminus E_1 : (fg)(x) > a\}.$$

由于 f 和 g 都是 E_1 上的实值可测函数，根据上面所证的结果知道 fg 在 E_1 上可测，于是 $\{x \in E_1 : (fg)(x) > a\}$ 是可测集. 接下来我们证明

$\{x \in E \setminus E_1 : (fg)(x) > a\}$ 是可测集. 记

$$E_{f,+\infty} = \{x \in E : f(x) = +\infty\}, \quad E_{f,-\infty} = \{x \in E : f(x) = -\infty\},$$

$$E_{g,+\infty} = \{x \in E : g(x) = +\infty\}, \quad E_{g,-\infty} = \{x \in E : g(x) = -\infty\}.$$

由于 $E \setminus E_1 = E_{f,+\infty} \cup E_{f,-\infty} \cup E_{g,+\infty} \cup E_{g,-\infty}$，从而

$$\{x \in E \setminus E_1 : (fg)(x) > a\} = \{x \in E_{f,+\infty} : (fg)(x) > a\} \cup \{x \in E_{f,-\infty} : (fg)(x) > a\} \cup$$

$$\{x \in E_{g,+\infty} : (fg)(x) > a\} \cup \{x \in E_{g,-\infty} : (fg)(x) > a\}.$$

我们只需证明下述四个集合

$$\{x \in E_{f,+\infty} : (fg)(x) > a\}, \{x \in E_{f,-\infty} : (fg)(x) > a\},$$

$$\{x \in E_{g,+\infty} : (fg)(x) > a\}, \{x \in E_{g,-\infty} : (fg)(x) > a\},$$

都是可测集，从而 $\{x \in E \setminus E_1 : (fg)(x) > a\}$ 是可测集. 我们只证明

$$\{x \in E_{f,+\infty} : (fg)(x) > a\}$$

是可测集，类似地可以证明其余的三个集合都是可测集.

记

$$E_{f,+\infty}{}^{(1)} = \{x \in E : f(x) = +\infty, g(x) = -\infty\},$$

$$E_{f,+\infty}{}^{(2)} = \{x \in E : f(x) = +\infty, g(x) = +\infty\},$$

$$E_{f,+\infty}{}^{(3)} = \{x \in E : f(x) = +\infty, g(x) = 0\},$$

$$E_{f,+\infty}{}^{(4)} = \{x \in E : f(x) = +\infty, 0 < g(x) < +\infty\},$$

$$E_{f,+\infty}{}^{(5)} = \{x \in E : f(x) = +\infty, -\infty < g(x) < 0\}.$$

由于 $E_{f,+\infty} = E_{f,+\infty}{}^{(1)} \bigcup E_{f,+\infty}{}^{(2)} \bigcup E_{f,+\infty}{}^{(3)} \bigcup E_{f,+\infty}{}^{(4)} \bigcup E_{f,+\infty}{}^{(5)}$，从而

$$\{x \in E_{f,+\infty} : (fg)(x) > a\} = \{x \in E_{f,+\infty}{}^{(1)} : (fg)(x) > a\} \bigcup \{x \in E_{f,+\infty}{}^{(2)} : (fg)(x) > a\} \bigcup$$

$$\{x \in E_{f,+\infty}{}^{(3)} : (fg)(x) > a\} \bigcup \{x \in E_{f,+\infty}{}^{(4)} : (fg)(x) > a\} \bigcup$$

$$\{x \in E_{f,+\infty}{}^{(5)} : (fg)(x) > a\}.$$

由本节例 6 知 $E_{f,+\infty}{}^{(1)}, E_{f,+\infty}{}^{(2)}, E_{f,+\infty}{}^{(3)}, E_{f,+\infty}{}^{(4)}, E_{f,+\infty}{}^{(5)}$ 都是可测集.

注意到

$$\{x \in E_{f,+\infty}{}^{(1)} : (fg)(x) > a\} = \{x \in E_{f,+\infty}{}^{(1)} : -\infty > a\} = \varnothing,$$

$$\{x \in E_{f,+\infty}{}^{(2)} : (fg)(x) > a\} = \{x \in E_{f,+\infty}{}^{(2)} : +\infty > a\} = E_{f,+\infty}{}^{(2)},$$

$$\{x \in E_{f,+\infty}{}^{(3)} : (fg)(x) > a\} = \{x \in E_{f,+\infty}{}^{(3)} : 0 > a\} = \begin{cases} E_{f,+\infty}{}^{(3)}, & a < 0, \\ \varnothing, & a \geqslant 0, \end{cases}$$

$$\{x \in E_{f,+\infty}{}^{(4)} : (fg)(x) > a\} = \{x \in E_{f,+\infty}{}^{(4)} : +\infty > a\} = E_{f,+\infty}{}^{(4)},$$

$$\{x \in E_{f,+\infty}{}^{(5)} : (fg)(x) > a\} = \{x \in E_{f,+\infty}{}^{(5)} : -\infty > a\} = \varnothing,$$

于是上述五个集合都是可测集，因此 $\{x \in E_{f,+\infty} : (fg)(x) > a\}$ 是可测集.

（4）对任意实数 a，有

$$\{x \in E : |f|(x) > a\}$$
$$= \{x \in E : |f(x)| > a\}$$
$$= \begin{cases} E, & a < 0, \\ \{x \in E : f(x) > a\} \bigcup \{x \in E : f(x) < -a\}, & a \geqslant 0. \end{cases}$$

由于 f 在 E 上可测，$\{x \in E : f(x) > a\}$ 和 $\{x \in E : f(x) < -a\}$ 都是可测集，因此 $\{x \in E : |f|(x) > a\}$ 是可测集，这表明 $|f|$ 在 E 上可测．∎

设 E 是 $\mathbb{R}^n$ 的非空子集，f 是定义在 E 上的广义实值函数．令

$$f^+(x) = \max\{f(x), 0\} \, (x \in E), \quad f^-(x) = \max\{-f(x), 0\} \, (x \in E).$$

分别称 f^+ 和 f^- 为 f 的正部和负部．f^+ 和 f^- 都是定义在 E 上的非负广义实值函数，并且对任意 $x \in E$ 有

$$f(x) = f^+(x) - f^-(x) \, (x \in E), \quad |f(x)| = f^+(x) + f^-(x) \, (x \in E).$$

定理 3.3　设 E 是 $\mathbb{R}^n$ 中的非空可测集，f 是 E 上的可测函数．则 f^+ 和 f^- 都在 E 上可测．

证明　对任意实数 a，我们有

$$\{x \in E : f^+(x) > a\} = \begin{cases} \{x \in E : f(x) > a\}, & a \geqslant 0, \\ E, & a < 0. \end{cases}$$

$$\{x \in E : f^-(x) > a\} = \begin{cases} \{x \in E : f(x) < -a\}, & a \geqslant 0, \\ E, & a < 0. \end{cases}$$

由此知道 f^+ 和 f^- 都在 E 上可测．∎

定理 3.4　设 E 是 $\mathbb{R}^n$ 中的非空可测集，$\{f_k\}$ 是 E 上的可测函数列．则 $\sup\limits_{k \geqslant 1} f_k$，$\inf\limits_{k \geqslant 1} f_k$，$\varlimsup\limits_{k \to \infty} f_k$ 和 $\varliminf\limits_{k \to \infty} f_k$ 都在 E 上可测．特别地，若对每个 $x \in E$，极限 $\lim\limits_{k \to \infty} f_k(x)$ 存在（有限或 $\pm\infty$），则 $\lim\limits_{k \to \infty} f_k$ 在 E 上可测．

证明　对任意固定的 $x \in E$ 和实数 a，由于 $(\sup\limits_{k \geqslant 1} f_k)(x) = \sup\limits_{k \geqslant 1} f_k(x) > a$ 当

且仅当存在正整数 k，使得 $f_k(x) > a$，而 $(\inf\limits_{k \geq 1} f_k)(x) = \inf\limits_{k \geq 1} f_k(x) < a$ 当且仅当存在正整数 k，使得 $f_k(x) < a$，因此

$$\left\{x \in E : (\sup\limits_{k \geq 1} f_k)(x) > a\right\} = \bigcup_{k=1}^{\infty} \left\{x \in E : f_k(x) > a\right\},$$

$$\left\{x \in E : (\inf\limits_{k \geq 1} f_k)(x) < a\right\} = \bigcup_{k=1}^{\infty} \left\{x \in E : f_k(x) < a\right\}.$$

由此知道 $\sup\limits_{k \geq 1} f_k$ 和 $\inf\limits_{k \geq 1} f_k$ 都在 E 上可测. 由于

$$\overline{\lim\limits_{k \to \infty}} f_k = \inf\limits_{k \geq 1} \sup\limits_{m \geq k} f_m, \quad \underline{\lim\limits_{k \to \infty}} f_k = \sup\limits_{k \geq 1} \inf\limits_{m \geq k} f_m,$$

由此知道 $\overline{\lim\limits_{k \to \infty}} f_k$ 和 $\underline{\lim\limits_{k \to \infty}} f_k$ 都在 E 上可测. ∎

3.1.3 Lebesgue 可测函数用简单函数逼近

下面讨论一类特别简单的可测函数—简单函数. 简单函数在可测函数中具有特殊的作用.

设 E 是 $\mathbb{R}^n$ 中的可测集. 若 $A_1, A_2, \cdots, A_k$ 是 E 的互不相交的可测子集，并且 $E = \bigcup\limits_{i=1}^{k} A_i$，则称 $\{A_1, A_2, \cdots, A_k\}$ 是 E 的一个可测分割.

定义 3.2 设 E 是 $\mathbb{R}^n$ 中的非空可测集，f 是定义在 E 上的实值函数. 若存在 E 的一个可测分割 $\{A_1, A_2, \cdots, A_k\}$ 和一组实数 $a_1, a_2, \cdots, a_k$，使得当 $x \in A_i$ 时，$f(x) = a_i$ $(i = 1, 2, \cdots, k)$，则称 f 为 E 上的简单函数. 换言之，f 为 E 上的简单函数当且仅当 f 可以表示为

$$f(x) = \sum_{i=1}^{k} a_i \chi_{A_i}(x) \, (x \in E),$$

其中，$\{A_1, A_2, \cdots, A_k\}$ 是 E 的一个可测分割，$a_1, a_2, \cdots, a_k$ 是一组实数. 由于可测集的特征函数是可测函数，因此简单函数是可测函数.

注：如果给定 E 上的两个简单函数 f 和 g，则 f 和 g 可以分别表示为

$$f(x) = \sum_{i=1}^{p} a_i \chi_{A_i}(x) \,(x \in E) \,, \quad g(x) = \sum_{j=1}^{q} b_j \chi_{B_j}(x) \,(x \in E),$$

其中 $\{A_1, A_2, \cdots, A_p\}$ 和 $\{B_1, B_2, \cdots, B_q\}$ 都是 E 的可测分割，$a_1, a_2, \cdots, a_p$ 和 $b_1, b_2, \cdots, b_q$ 是两组实数. 对每个 $1 \leqslant i \leqslant p$，$A_i = \bigcup_{j=1}^{q} A_i \cap B_j$，由于

$$A_i \cap B_1, A_i \cap B_2, \cdots, A_i \cap B_q$$

也是互不相交，从而 $\chi_{A_i}(x) = \sum_{j=1}^{q} \chi_{A_i \cap B_j}(x) \,(x \in E)$. 同理对每个 $1 \leqslant j \leqslant q$，

$$\chi_{B_j}(x) = \sum_{i=1}^{p} \chi_{A_i \cap B_i}(x) \,(x \in E) \,. \ 于是$$

$$f(x) = \sum_{i=1}^{p}\sum_{j=1}^{q} a_i \chi_{A_i \cap B_j}(x) \,(x \in E) \,, \quad g(x) = \sum_{i=1}^{p}\sum_{j=1}^{q} b_j \chi_{A_i \cap B_j}(x) \,(x \in E).$$

注意到 $\{A_i \cap B_j : 1 \leqslant i \leqslant p, 1 \leqslant j \leqslant q\}$ 也是 E 的一个可测分割. 如果将

$$\{A_i \cap B_j : 1 \leqslant i \leqslant p, 1 \leqslant j \leqslant q\}$$

重新编号记为 $\{E_1, E_2, \cdots, E_k\}$. 则 f 和 g 可以分别表示为

$$f(x) = \sum_{i=1}^{k} \alpha_i \chi_{E_i}(x) \,(x \in E) \,, \quad g(x) = \sum_{i=1}^{k} \beta_i \chi_{E_i}(x) \,(x \in E).$$

这说明对于 E 上的两个简单函数 f 和 g，可以设它们的表达式中所对应的 E 的可测分割是一样的. 这个简单事实以后会用到.

定理 3.5　设 E 是 $\mathbb{R}^n$ 中的非空可测集，f 和 g 都是 E 上的简单函数. 则：

（1）cf（c 是实数），$f+g$ 是简单函数.

（2）若 φ 是 $\mathbb{R}$ 上的实值函数，则 $\varphi \circ f$ 是简单函数.

证明　（1）由定义 3.2 下方的注，可以设 f 和 g 的表达式中所对应的 E 的可测分割是一样的. 设

$$f(x) = \sum_{i=1}^{k} \alpha_i \chi_{E_i}(x) \,(x \in E) \,, \quad g(x) = \sum_{i=1}^{k} \beta_i \chi_{E_i}(x) \,(x \in E),$$

其中 $\{E_1, E_2, \cdots, E_k\}$ 是 E 的一个可测分割，$\alpha_1, \alpha_2, \cdots, \alpha_k$ 和 $\beta_1, \beta_2, \cdots, \beta_k$ 是两组实数．于是

$$(cf)(x) = \sum_{i=1}^{k} c\alpha_i \chi_{E_i}(x) \, (x \in E),$$

$$(f + g)(x) = \sum_{i=1}^{k} (\alpha_i + \beta_i) \chi_{E_i}(x) \, (x \in E),$$

这表明 cf（c 是实数），$f + g$ 是简单函数．

（2）设 $f(x) = \sum_{i=1}^{k} a_i \chi_{A_i}(x) \, (x \in E)$，其中 $\{A_1, A_2, \cdots, A_k\}$ 是 E 的一个可测分割，$a_1, a_2, \cdots, a_k$ 是一组实数．则

$$(\varphi \circ f)(x) = \sum_{i=1}^{k} \varphi(a_i) \chi_{A_i}(x) \, (x \in E).$$

因此 $\varphi \circ f$ 是简单函数．∎

设 E 是 $\mathbb{R}^n$ 的非空子集，$\{f_k\}$ 是一列定义在 E 上的广义实值函数．若对每个 $x \in E$，总有

$$f_1(x) \leqslant f_2(x) \leqslant \cdots \leqslant f_k(x) \leqslant f_{k+1}(x) \leqslant \cdots,$$

则称广义实值函数列 $\{f_k\}$ 是单调增加的．若 $\{f_k\}$ 是单调增加的广义实值函数列，则对每个 $x \in E$，极限 $\lim\limits_{k \to \infty} f_k(x)$ 存在（有限或 $\pm\infty$）并且

$$\lim_{k \to \infty} f_k(x) = \sup_{k \geqslant 1} f_k(x) \, .$$

定理 3.6 设 E 是 $\mathbb{R}^n$ 中的非空可测集，f 是 E 上的非负可测函数．则存在 E 上的非负简单函数列 $\{f_k\}$，使得 $\{f_k\}$ 是单调增加的，并且

$$\lim_{k \to \infty} f_k(x) = f(x) \, (x \in E) \, .$$

若 f 在 E 上还是有界的，则 $\{f_k\}$ 收敛于 f 是一致的．

证明 对每个正整数 k，把区间 $[0, k)$ 分割成 $k \cdot 2^k$ 个长度为 $\dfrac{1}{2^k}$ 的小区间．对每个 $i = 1, 2, \cdots, k \cdot 2^k$，记

$$E_i^{(k)} = \left\{ x \in E : \frac{i-1}{2^k} \leqslant f(x) < \frac{i}{2^k} \right\}.$$

记 $E_\infty^{(k)} = \{ x \in E : f(x) \geqslant k \}$. 由于 f 是 E 上的可测函数，故

$$E_i^{(k)} \ (i = 1, 2, \cdots, k \cdot 2^k)$$

和 $E_\infty^{(k)}$ 都是可测集. 此外 $\left\{ E_1^{(k)}, E_2^{(k)}, \cdots, E_{k \cdot 2^k}^{(k)}, E_\infty^{(k)} \right\}$ 是 E 的一个可测分割. 令

$$f_k(x) = \begin{cases} \dfrac{i-1}{2^k}, & x \in E_i^{(k)} \ (i = 1, 2, \cdots, k \cdot 2^k), \\ k, & x \in E_\infty^{(k)}. \end{cases}$$

显然 f_k 是 E 上的非负简单函数.

论断 1. $\{ f_k \}$ 是单调增加的.

设 $x \in E$，k 是任意一个正整数. 如果 $f(x) \geqslant k+1$，此时

$$f_k(x) = k, \ f_{k+1}(x) = k+1,$$

于是 $f_k(x) < f_{k+1}(x)$. 如果 $k \leqslant f(x) < k+1$，必存在唯一的正整数 $i\,(1 \leqslant i \leqslant 2^{k+1})$

使得 $\dfrac{k \cdot 2^{k+1} + i - 1}{2^{k+1}} \leqslant f(x) < \dfrac{k \cdot 2^{k+1} + i}{2^{k+1}}$，此时

$$f_k(x) = k, \ f_{k+1}(x) = \frac{k \cdot 2^{k+1} + i - 1}{2^{k+1}},$$

于是 $f_k(x) \leqslant f_{k+1}(x)$. 如果 $0 \leqslant f(x) < k$，必存在唯一的正整数 $i\,(1 \leqslant i \leqslant 2^k)$

使得 $\dfrac{i-1}{2^k} \leqslant f(x) < \dfrac{i}{2^k}$，此时

$$f_k(x) = \frac{i-1}{2^k}, \ f_{k+1}(x) = \begin{cases} \dfrac{i-1}{2^k}, & \dfrac{2i-2}{2^{k+1}} \leqslant f(x) < \dfrac{2i-1}{2^{k+1}}, \\ \dfrac{2i-1}{2^{k+1}}, & \dfrac{2i-1}{2^{k+1}} \leqslant f(x) < \dfrac{2i}{2^{k+1}}. \end{cases}$$

于是 $f_k(x) \leqslant f_{k+1}(x)$. 综合上述三种情形知，$f_k(x) \leqslant f_{k+1}(x)$. 因此 $\{ f_k \}$ 是单调增加的.

论断 2. 对每个 $x \in E$，$\lim\limits_{k \to \infty} f_k(x) = f(x)$．

设 $x \in E$．若 $f(x) < +\infty$，则当 $k > f(x)$ 时，必存在唯一的正整数 $i\,(1 \leqslant i \leqslant 2^k)$ 使得 $\dfrac{i-1}{2^k} \leqslant f(x) < \dfrac{i}{2^k}$．此时 $f_k(x) = \dfrac{i-1}{2^k}$．因此

$$0 \leqslant f(x) - f_k(x) < \frac{1}{2^k}．$$

故此时 $\lim\limits_{k \to \infty} f_k(x) = f(x)$．若 $f(x) = +\infty$，则对任意正整数 k，$f_k(x) = k$，此时也有 $\lim\limits_{k \to \infty} f_k(x) = f(x)$．

现在设 f 在 E 上还是有界的，从而存在正数 M 使得

$$0 \leqslant f(x) \leqslant M\ (x \in E)．$$

则当 $k > M$ 时，对任意的 $x \in E$ 有 $f(x) < k$，此时

$$0 \leqslant f(x) - f_k(x) < \frac{1}{2^k}．$$

这表明 $\{f_k\}$ 在 E 上一致收敛于 f．∎

推论 3.1　设 E 是 $\mathbb{R}^n$ 中的非空可测集，f 是 E 上的可测函数．则存在 E 上的简单函数列 $\{f_k\}$，使得

$$\lim\limits_{k \to \infty} f_k(x) = f(x)\ (x \in E)，$$

并且 $|f_k(x)| \leqslant |f(x)|\,(k \geqslant 1, x \in E)$．若 f 在 E 上还是有界的，则上述收敛是一致的．

证明　由于 f 是 E 上的可测函数，故 f^+ 和 f^- 都是 E 上的非负可测函数（见本节定理 3.3）．由定理 3.6，存在 E 上的非负简单函数列 $\{g_k\}$ 和 $\{h_k\}$，使得

（1）$\{g_k\}$ 和 $\{h_k\}$ 都是单调增加的．

（2）$\lim\limits_{k \to \infty} g_k(x) = f^+(x)\ (x \in E),\ \lim\limits_{k \to \infty} h_k(x) = f^-(x)\ (x \in E)$．

令 $f_k = g_k - h_k\,(k \geqslant 1)$，则 $\{f_k\}$ 是简单函数列，并且对任意 $x \in E$ 有

$$\lim_{k\to\infty}f_k(x)=\lim_{k\to\infty}(g_k(x)-h_k(x))=f^+(x)-f^-(x)=f(x)\,,$$

$$\left|f_k(x)\right|\leqslant g_k(x)+h_k(x)\leqslant f^+(x)+f^-(x)=\left|f(x)\right|\,.$$

若 f 在 E 上还是有界的，则 f^+ 和 f^- 都是有界的．于是 $\{g_k\}$ 和 $\{h_k\}$ 在 E 上分别一致收敛于 f^+ 和 f^-，因而 $\{f_k\}$ 在 E 上一致收敛于 f．∎

由于简单函数是可测函数，因此简单函数列的极限函数是可测函数．结合推论 3.1 得到如下推论：

推论 3.2　设 E 是 $\mathbb{R}^n$ 中的非空可测集，f 是定义在 E 上的广义实值函数．则 f 在 E 上可测当且仅当存在 E 上的简单函数列 $\{f_k\}$ 使得 $\{f_k\}$ 在 E 上处处收敛于 f．

推论 3.2 给出了可测函数的一个构造性特征．

定理 3.6 表明，任意一个非负可测函数都可以用单调增加的非负简单函数列来逼近．而非负简单函数往往较容易处理．这样，在研究可测函数的某种性质时，可以先考虑非负简单函数，然后通过取极限的过程，得到非负可测函数的相应性质．而一般可测函数 f 可以表示成 f^+ 和 f^- 这两个非负可测函数之差．因此又可以得到关于一般可测函数相应的结论．这种方法在后面研究可测函数积分的性质时是常常用到的．

利用推论 3.2，容易得到关于复合函数可测性的如下定理．

定理 3.7　设 E 是 $\mathbb{R}^n$ 中的非空可测集，f 是 E 上的实值可测函数，g 是 $\mathbb{R}$ 上的连续函数．则复合函数 $g\circ f$ 在 E 上可测．

证明　由于 f 在 E 上可测，根据推论 3.2，存在 E 上的简单函数列 $\{f_k\}$ 使得 $\{f_k\}$ 在 E 上处处收敛于 f．根据定理 3.5，$\{g\circ f_k\}$ 是简单函数列．由于 g 在 $\mathbb{R}$ 上连续，故

$$\lim_{k\to\infty}g(f_k(x))=g(f(x))\,(x\in E)\,.$$

即 $\{g\circ f_k\}$ 在 E 上处处收敛于 $g\circ f$．再次利用推论 3.2 知道 $g\circ f$ 在 E 上

可测. ∎

例 7 设 E 是 $\mathbb{R}^n$ 中的非空可测集，f 是 E 上的实值可测函数. 由定理 3.7 知道，$\ln(1+f^2(x))$ 和 $|f(x)|^p$ $(p>0)$ 都是 E 上的可测函数. ∎

习题 3.1

1. 设 E 是 $\mathbb{R}^n$ 中的非空可测集且 $m(E)=0$，则 E 上的任何广义实值函数 f 都在 E 上可测.

2. 设 E 是 $\mathbb{R}^n$ 中的非空可测集，f 是定义在 E 上的广义实值函数. 证明若对任意有理数 r，$\{x \in E : f(x) > r\}$ 是可测集，则 f 在 E 上可测.

3. 设 f 是定义在 (a,b) 上的广义实值函数. 证明若 f 在每个 $[\alpha,\beta] \subseteq (a,b)$ 上可测，则 f 在 (a,b) 上可测.

4. 设 E 是 $\mathbb{R}^n$ 中的非空可测集，f 和 g 都是 E 上的可测函数. 证明 $\{x \in E : f(x) > g(x)\}$，$\{x \in E : f(x) < g(x)\}$，$\{x \in E : f(x) = g(x)\}$ 都是可测集.

5. 设 E 是 $\mathbb{R}^n$ 中的非空可测集，f 和 g 都是 E 上的实值可测函数，并且 g 在 E 上处处不等于零. 证明 $\dfrac{f}{g}$ 在 E 上可测.

6. 设 E 是 $\mathbb{R}^n$ 中的非空可测集，f 是定义在 E 上的实值函数. 证明 f 在 E 上可测的充要条件是：对 $\mathbb{R}$ 中的任意开集 G，$f^{-1}(G)$ 是可测集.

7. 设 E 是 $\mathbb{R}^n$ 中的非空可测集，$\{f_k\}$ 是 E 上的实值可测函数列. 证明 A 是可测集，这里 $A = \left\{ x \in E : \lim\limits_{k \to \infty} f_k(x) \text{ 存在并且有限} \right\}$.（提示：用形如 $\left\{ x \in E : |f_k(x) - f_l(x)| < \dfrac{1}{m} \right\}$ 的集合表示集合 A）

8. 设 E 是 $\mathbb{R}^n$ 中的非空可测集，f 和 g 是 E 上的两个实值可测函数，

$\varphi(x, y)$ 是 $\mathbb{R}^2$ 上的连续函数．证明复合函数 $\varphi(f(x), g(x))\,(x \in E)$ 在 E 上可测．（提示：利用推论 3.2）

9. 设 f 是 $[a, b]$ 上的可导函数．证明 f' 在 $[a, b]$ 上可测．（提示：考虑函数列 $f_n(x) = n\left[f\left(x + \dfrac{1}{n}\right) - f(x)\right](a < x < b)$）

10. 设 f 在 $\mathbb{R}^n$ 上可测，$h \in \mathbb{R}^n$．证明 $f(x + h)\,(x \in \mathbb{R}^n)$ 在 $\mathbb{R}^n$ 上可测．（提示：对任意实数 a，有 $\left\{x \in \mathbb{R}^n : f(x + h) > a\right\} = \left\{x \in \mathbb{R}^n : f(x) > a\right\} - h$）

11. 设 f 在 $\mathbb{R}^n$ 上可测，$a \in \mathbb{R}$．证明 $f(ax)\,(x \in \mathbb{R}^n)$ 在 $\mathbb{R}^n$ 上可测．（提示：当 $a \neq 0$ 时，有 $\left\{x \in \mathbb{R}^n : f(ax) > c\right\} = a^{-1}\left\{x \in \mathbb{R}^n : f(x) > c\right\}$）

12. 设 λ 是任意一个实数，E 是 $\mathbb{R}^n$ 的非空子集，f 是定义在 E 上的广义实值函数，则

$$(\lambda f)^+ = \begin{cases} \lambda f^+, & \lambda > 0, \\ 0, & \lambda = 0, \\ |\lambda| f^-, & \lambda < 0, \end{cases}$$

并且

$$(\lambda f)^- = \begin{cases} \lambda f^-, & \lambda > 0, \\ 0, & \lambda = 0, \\ |\lambda| f^+, & \lambda < 0. \end{cases}$$

3.2　Lebesgue 可测函数列的收敛

本节将定义可测函数列的几种收敛性，并讨论它们之间的关系．

3.2.1　几乎处处成立的性质

先介绍几乎处处成立的性质的概念．设 E 是 $\mathbb{R}^n$ 的非空子集，$P(x)$ 是一个与 E 中的点 x 有关的命题．若

$$m(\{x \in E : P(x) \text{ 不成立 }\}) = 0,$$

换言之, 存在 E 的一个零测度子集 E_0, 使得当 $x \in E \setminus E_0$ 时命题 $P(x)$ 成立, 则称 $P(x)$ 在 E 上几乎处处成立, 记为 $P(x)$ a.e. $x \in E$.

例 1 设 E 是 $\mathbb{R}^n$ 的非空可测子集, f 和 g 是定义在 E 上的可测函数. 若 $m(\{x \in E : f(x) \ne g(x)\}) = 0$, 换言之, 存在 E 的一个零测度子集 E_0, 使得当 $x \in E \setminus E_0$ 时 $f(x) = g(x)$, 则称 f 和 g 在 E 上几乎处处相等, 记为 $f(x) = g(x)$ a.e. $x \in E$. 例如, 设 D 是 $\mathbb{R}$ 上的 Dirichlet 函数

$$D(x) = \begin{cases} 1, & x \in \mathbb{Q}, \\ 0, & x \in \mathbb{R} \setminus \mathbb{Q}. \end{cases}$$

由于 $m(\{x \in \mathbb{R} : D(x) \ne 0\}) = m(\mathbb{Q}) = 0$, 因此 $D(x) = 0$ a.e. $x \in \mathbb{R}$. ■

例 2 设 E 是 $\mathbb{R}^n$ 的非空可测子集, f 是定义在 E 上的可测函数. 若 $m(\{x \in E : |f(x)| = +\infty\}) = 0$, 换言之, 存在 E 的一个零测度子集 E_0, 使得当 $x \in E \setminus E_0$ 时 $|f(x)| < +\infty$, 则称 f 在 E 上是几乎处处有限的, 记为 $|f(x)| < +\infty$ a.e. $x \in E$. 例如, 设 $f(x) = \dfrac{1}{x} (0 < x \leqslant 1), f(0) = +\infty$. 则 f 在 $[0,1]$ 上是几乎处处有限的. ■

例 3 设 E 是 $\mathbb{R}^n$ 的非空可测子集, f 是定义在 E 上的可测函数, g 是定义在 E 上的广义实值函数. 如果存在 E 的一个零测度子集 E_0, 使得当 $x \in E \setminus E_0$ 时 $f(x) = g(x)$, 则 g 在 E 上可测. 事实上, 对任意实数 a,

$$\{x \in E : g(x) > a\} = \{x \in E \setminus E_0 : g(x) > a\} \bigcup \{x \in E_0 : g(x) > a\}$$
$$= \{x \in E \setminus E_0 : f(x) > a\} \bigcup \{x \in E_0 : g(x) > a\}.$$

由于 f 在 $E \setminus E_0$ 上也是可测的, 因而上式右边的第一个集合是可测集. 第二个集合是零测度集合 E_0 的子集, 因而也是可测集. 因此 $\{x \in E : g(x) > a\}$ 是可测集. 这表明 g 在 E 上可测. ■

注: 例 3 说明改变可测函数在一个零测度集合上的函数值, 不改变函数

的可测性. 此外从例 3 的证明可以看出, 若存在 E 的一个零测度子集 E_0, 使得 f 在 $E \setminus E_0$ 上有定义并且可测, 任意补充 f 在 E_0 上的定义后, 则 f 在 E 上可测. 因此若 f 在 $E \setminus E_0$ 上有定义并且可测, 则可以将 f 视为 E 上的可测函数.

3.2.2 几乎处处收敛与一致收敛

对于可测函数列来说, 本节所介绍的 Egoroff 定理指出了几乎处处收敛与一致收敛的某种关系, 由于函数列一致收敛性的重要意义, 可以预料这一定理将有着广泛的应用.

定义 3.3 设 E 是 $\mathbb{R}^n$ 的非空子集, $f, f_1, f_2, \cdots, f_k, \cdots$ 是定义在 E 上的广义实值函数. 若存在 E 的一个零测度子集 E_0, 使得当 $x \in E \setminus E_0$ 时 $\lim\limits_{k \to \infty} f_k(x) = f(x)$, 则称 $\{f_k\}$ 在 E 上几乎处处收敛于 f, 并记为

$$f_k(x) \to f(x) \ \text{a. e.} \ x \in E .$$

先看一个例子.

例 4 设 $E = [0,1]$, $f_n(x) = x^n$ $(n = 1, 2, \cdots)$. 显然 $\{f_n\}$ 在 $[0,1]$ 上几乎处处收敛于 0 而非一致收敛于 0. 但对任意 $0 < \delta < 1$, 令 $E_\delta = (1 - \delta, 1]$, 则 $m(E_\delta) = \delta$, 并且 $\{f_n\}$ 在 $[0,1] \setminus E_\delta$ 上一致收敛于 0.

下面将要证明的 Egoroff 定理表明, 例 4 中出现的情况不是偶然的. 先证明一个引理.

引理 3.1 设 E 是 $\mathbb{R}^n$ 中的非空可测集且 $m(E) < +\infty$, $f, f_1, f_2, \cdots, f_k, \cdots$ 是 E 上几乎处处有限的可测函数. 若 $f_k(x) \to f(x)$ a. e. $x \in E$, 则对任意正数 ε, 令

$$E_k(\varepsilon) = \left\{ x \in E : |(f_k - f)(x)| \geq \varepsilon \right\},$$

有

$$\lim_{j \to \infty} m(\bigcup_{k=j}^{\infty} E_k(\varepsilon)) = 0 \ .$$

证明 由于 f 在 E 上是几乎处处有限的，从而存在 E 的一个零测度子集 E_0，使得当 $x \in E \setminus E_0$ 时 $|f(x)| < +\infty$．对每个正整数 k，由于 f_k 在 E 上是几乎处处有限的，从而存在 E 的一个零测度子集 E_k，使得当 $x \in E \setminus E_k$ 时 $|f_k(x)| < +\infty$．令 $Z_1 = E_0 \cup (\bigcup_{k=1}^{\infty} E_k)$，显然 Z_1 是 E 的一个零测度子集，并且 $f, f_1, f_2, \cdots, f_k, \cdots$ 在 $E \setminus Z_1$ 上都处处有限．

由于

$$m(\bigcup_{k=j}^{\infty} E_k(\varepsilon)) = m(\bigcup_{k=j}^{\infty} \{x \in E \setminus Z_1 : |(f_k - f)(x)| \geqslant \varepsilon\}) +$$

$$m(\bigcup_{k=j}^{\infty} \{x \in Z_1 : |(f_k - f)(x)| \geqslant \varepsilon\})$$

$$= m(\bigcup_{k=j}^{\infty} \{x \in E \setminus Z_1 : |(f_k - f)(x)| \geqslant \varepsilon\})$$

$$= m(\bigcup_{k=j}^{\infty} \{x \in E \setminus Z_1 : |f_k(x) - f(x)| \geqslant \varepsilon\}),$$

从而我们只需证明 $\lim_{j \to \infty} m(\bigcup_{k=j}^{\infty} \{x \in E \setminus Z_1 : |f_k(x) - f(x)| \geqslant \varepsilon\}) = 0$．注意到 $m(E) < +\infty$，由测度的上连续性，我们有

$$\lim_{j \to \infty} m(\bigcup_{k=j}^{\infty} \{x \in E \setminus Z_1 : |f_k(x) - f(x)| \geqslant \varepsilon\}) = m(\bigcap_{j=1}^{\infty} \bigcup_{k=j}^{\infty} \{x \in E \setminus Z_1 : |f_k(x) - f(x)| \geqslant \varepsilon\}) \ .$$

由于 $f_k(x) \to f(x)$ a. e. $x \in E$，从而存在 E 的一个零测度子集 Z_2，使得当 $x \in E \setminus Z_2$ 时 $\lim_{k \to \infty} f_k(x) = f(x)$，这表明

$$\left\{ x \in E \setminus Z_1 : \{f_k(x)\}_{k=1}^{\infty} \text{不收敛于} f(x) \right\} \subseteq Z_2,$$

因此 $m(\{x \in E \setminus Z_1 : \{f_k(x)\}_{k=1}^{\infty}$ 不收敛于 $f(x)\}) = 0$．接下来我们证明

$$\bigcap_{j=1}^{\infty}\bigcup_{k=j}^{\infty}\left\{x\in E\setminus Z_1:\left|f_k(x)-f(x)\right|\geqslant\varepsilon\right\}\subseteq\left\{x\in E\setminus Z_1:\left\{f_k(x)\right\}_{k=1}^{\infty}\text{不收敛于}f(x)\right\},$$

从而

$$m(\bigcap_{j=1}^{\infty}\bigcup_{k=j}^{\infty}\left\{x\in E\setminus Z_1:\left|f_k(x)-f(x)\right|\geqslant\varepsilon\right\})=0.$$

设 $z\in\bigcap_{j=1}^{\infty}\bigcup_{k=j}^{\infty}\left\{x\in E\setminus Z_1:\left|f_k(x)-f(x)\right|\geqslant\varepsilon\right\}$，于是对任意的正整数 j，存在正整数 $k\geqslant j$ 使得 $z\in E\setminus Z_1$ 并且 $\left|f_k(z)-f(z)\right|\geqslant\varepsilon$，这表明 $\{f_k(z)\}_{k=1}^{\infty}$ 不收敛于 $f(z)$，因此

$$\bigcap_{j=1}^{\infty}\bigcup_{k=j}^{\infty}\left\{x\in E\setminus Z_1:\left|f_k(x)-f(x)\right|\geqslant\varepsilon\right\}\subseteq\left\{x\in E\setminus Z_1:\left\{f_k(x)\right\}_{k=1}^{\infty}\text{不收敛于}f(x)\right\}.\ \blacksquare$$

定理 3.8（Egoroff 定理）设 E 是 $\mathbb{R}^n$ 中的非空可测集且 $m(E)<+\infty$，$f,f_1,f_2,\cdots,f_k,\cdots$ 是 E 上几乎处处有限的可测函数. 若 $f_k(x)\to f(x)$ a. e. $x\in E$，则对任意正数 δ，存在 E 的可测子集 E_δ 且 $m(E_\delta)<\delta$，使得 $f,f_1,f_2,\cdots,f_k,\cdots$ 在 $E\setminus E_\delta$ 上都处处有限并且 $\{f_k\}$ 在 $E\setminus E_\delta$ 上一致收敛于 f.

证明　由于 $f,f_1,f_2,\cdots,f_k,\cdots$ 在 E 上几乎处处有限，从而存在 E 的一个零测度子集 Z，使得 $f,f_1,f_2,\cdots,f_k,\cdots$ 在 $E\setminus Z$ 上都处处有限.

由上述引理 3.1 可知，对任意的 $\varepsilon>0$，有

$$\lim_{j\to\infty}m(\bigcup_{k=j}^{\infty}\left\{x\in E:\left|(f_k-f)(x)\right|\geqslant\varepsilon\right\})=0.$$

现在取正数列 $\dfrac{1}{i}$ $(i=1,2,\cdots)$，则对任意的正数 δ 以及每一个 i，存在 j_i 使得

$$m(\bigcup_{k=j_i}^{\infty}\left\{x\in E:\left|(f_k-f)(x)\right|\geqslant\dfrac{1}{i}\right\})<\dfrac{\delta}{2^i}.\ \text{令}$$

$$E_\delta=(\bigcup_{i=1}^{\infty}\bigcup_{k=j_i}^{\infty}\left\{x\in E:\left|(f_k-f)(x)\right|\geqslant\dfrac{1}{i}\right\})\cup Z,$$

我们有

$$m(E_\delta) \leqslant \sum_{i=1}^{\infty} m(\bigcup_{k=j_i}^{\infty}\left\{x \in E : \left|(f_k - f)(x)\right| \geqslant \frac{1}{i}\right\}) + m(Z) < \sum_{i=1}^{\delta} \frac{\delta}{2^i} = \delta \ .$$

由 De Morgan 公式得到

$$E \setminus E_\delta = (\bigcap_{i=1}^{\infty}\bigcap_{k=j_i}^{\infty}\left\{x \in E : \left|(f_k - f)(x)\right| < \frac{1}{i}\right\}) \bigcap (E \setminus Z) \ .$$

显然 $f, f_1, f_2, \cdots, f_k, \cdots$ 在 $E \setminus E_\delta$ 上都处处有限. 现在来证明 $\{f_k\}$ 在 $E \setminus E_\delta$ 上一致收敛于 f. 事实上，对于任意的正数 ε，存在正整数 i，使得 $\frac{1}{i} < \varepsilon$，当 $k \geqslant j_i$ 时，对一切 $x \in E \setminus E_\delta$，有

$$\left|f_k(x) - f(x)\right| < \frac{1}{i} < \varepsilon \ .$$

这说明 $\{f_k\}$ 在 $E \setminus E_\delta$ 上一致收敛于 f. ■

注：在 Egoroff 定理中，条件 $m(E) < +\infty$ 不能去掉. 例如考虑可测函数列

$$f_n(x) = \chi_{(0,n)}(x), n = 1, 2, \cdots, x \in (0, +\infty) \ .$$

显然 $\{f_n\}$ 在 $(0, +\infty)$ 上处处收敛于 1，但在 $(0, +\infty)$ 中的任意一个有限测度集合外均不一致收敛于 1. 事实上，设 A 是 $(0, +\infty)$ 的可测子集且 $m(A) < +\infty$. 下面我们证明 $\{f_n\}$ 在 $(0, +\infty) \setminus A$ 上不一致收敛于 1. 对任意的正整数 N，我们可以选取一个正整数 $n > N$. 由于

$$m((0, +\infty) \setminus A) = m((0, +\infty)) - m(A) = +\infty \ ,$$

从而 $(0, +\infty) \setminus A$ 是无界集（见习题 2.1，第 1 题），于是存在

$$x_0 \in (0, +\infty) \setminus A$$

使得 $x_0 > n$，因此

$$\left|f_n(x_0) - 1\right| = \left|\chi_{(0,n)}(x_0) - 1\right| = \left|0 - 1\right| = 1 > \frac{1}{2} \ ,$$

这表明 $\{f_n\}$ 在 $(0,+\infty)\setminus A$ 上不一致收敛于 1.

3.2.3　几乎处处收敛与依测度收敛

对于可测函数列来说，仅用处处收敛或几乎处处收敛的概念来描述它是不充分且不典型的.

例 5　对每个正整数 n，将区间 $[0,1]$ 分为 n 个等长的小区间. 记

$$A_n^i = \left[\frac{i-1}{n}, \frac{i}{n}\right] (i = 1, 2, \cdots, n) .$$

将 $\left\{A_n^i\right\}$ 按照下面所示的顺序

$$A_1^1, A_2^1, A_2^2, A_3^1, A_3^2, A_3^3, \cdots$$

重新编号记为 $\{E_n\}$. 显然 $\lim\limits_{n\to\infty} m(E_n) = 0$. 对每个正整数 n，令

$$f_n(x) = \chi_{E_n}(x)\,(x\in[0,1]) .$$

对于这一函数列来说，$\{f_n\}$ 在 $[0,1]$ 上处处不收敛. 事实上，若 $x\in[0,1]$，必有无限多个 E_n 包含 x，也有无限多个 E_n 不包含 x. 因此有无限多个 n 使得 $f_n(x)=1$，又有无限多个 n 使得 $f_n(x)=0$. 这说明 $\{f_n(x)\}_{n=1}^{\infty}$ 不收敛. 因此，仅考虑点收敛，将得不到任何信息.

然而，由于每个 f_n 都是可测函数，故我们可提出下述思想：虽然对每个 $x\in[0,1]$，$\{f_n(x)\}_{n=1}^{\infty}$ 中有无限多个 1 出现，也有无限多个 0 出现，但是在所谓"频率"的意义下，0 却大量地出现. 换句话说，对于任意 $0<\varepsilon<1$，

$$\lim_{n\to\infty} m(\{x\in[0,1]:|f_n(x)|\geqslant\varepsilon\}) = \lim_{n\to\infty} m(E_n) = 0 ,$$

从而

$$\lim_{n\to\infty} m(\{x\in[0,1]:|f_n(x)|<\varepsilon\}) = 1 .$$

上述等式反映出这样的事实：对充分大的 n，出现 0 的"频率"接近 1，

我们称此为 $\{f_n\}$ 依测度收敛于零. 依测度收敛是从整体的角度反映当 $n \to \infty$ 时 $\{f_n\}$ 的变化形态的一种收敛, 它在概率论中有着重要意义. ∎

定义 3.4 设 E 是 $\mathbb{R}^n$ 中的非空可测集, $f, f_1, f_2, \cdots, f_k, \cdots$ 是 E 上几乎处处有限的可测函数. 若对任意的正数 ε, 有

$$\lim_{k \to \infty} m(\{x \in E : |(f_k - f)(x)| \geqslant \varepsilon\}) = 0 ,$$

则称 $\{f_k\}$ 在 E 上依测度收敛于 f.

下述定理指出, 在函数对等的意义下, 依测度收敛的极限函数是唯一的.

定理 3.9 设 E 是 $\mathbb{R}^n$ 中的非空可测集, $f, g, f_1, f_2, \cdots, f_k, \cdots$ 是 E 上几乎处处有限的可测函数. 若 $\{f_k\}$ 在 E 上同时依测度收敛于 f 与 g, 则 f 与 g 在 E 上几乎处处相等.

证明 由于 $f, g, f_1, f_2, \cdots, f_k, \cdots$ 在 E 上几乎处处有限, 从而存在 E 的一个零测度子集 Z, 使得 $f, g, f_1, f_2, \cdots, f_k, \cdots$ 在 $E \setminus Z$ 上都处处有限.

我们只需证明 $m(\{x \in E : f(x) \neq g(x)\}) = 0$, 从而 f 与 g 在 E 上几乎处处相等.

由于

$$m(\{x \in E : f(x) \neq g(x)\}) = m(\{x \in E \setminus Z : f(x) \neq g(x)\}) +$$
$$m(\{x \in Z : f(x) \neq g(x)\})$$
$$= m(\{x \in E \setminus Z : f(x) \neq g(x)\}),$$

我们只需证明 $m(\{x \in E \setminus Z : f(x) \neq g(x)\}) = 0$. 注意到

$$\{x \in E \setminus Z : f(x) \neq g(x)\} = \{x \in E \setminus Z : f(x) - g(x) \neq 0\}$$
$$= \{x \in E \setminus Z : |f(x) - g(x)| > 0\}$$
$$= \bigcup_{i=1}^{\infty} \left\{x \in E \setminus Z : |f(x) - g(x)| > \frac{1}{i}\right\},$$

我们只需证明对每个正整数 i,

$$m(\left\{x \in E \setminus Z : \left|f(x) - g(x)\right| > \frac{1}{i}\right\}) = 0 \ .$$

由于

$$\left\{x \in E \setminus Z : \left|f(x) - g(x)\right| > \frac{1}{i}\right\} \subseteq \left\{x \in E \setminus Z : \left|f(x) - f_k(x)\right| > \frac{1}{2i}\right\} \cup$$

$$\left\{x \in E \setminus Z : \left|g(x) - f_k(x)\right| > \frac{1}{2i}\right\}$$

$$\subseteq \left\{x \in E : \left|(f - f_k)(x)\right| > \frac{1}{2i}\right\} \cup$$

$$\left\{x \in E . \left|(g - f_k)(x)\right| > \frac{1}{2i}\right\},$$

且

$$\lim_{k \to \infty} m(\left\{x \in E : \left|(f - f_k)(x)\right| > \frac{1}{2i}\right\}) = 0, \ \lim_{k \to \infty} m(\left\{x \in E : \left|(g - f_k)(x)\right| > \frac{1}{2i}\right\}) = 0,$$

从而

$$m(\left\{x \in E \setminus Z : \left|f(x) - g(x)\right| > \frac{1}{i}\right\}) = 0 \ . \blacksquare$$

从几乎处处收敛与依测度收敛的定义可以看出，前者强调的是在点上函数值的收敛（尽管除一个零测度集合外），后者并非指在哪个点上的收敛，其要点在于集合

$$\left\{x \in E : \left|(f_k - f)(x)\right| \geqslant \varepsilon\right\}$$

的测度应随 k 趋于无穷大而趋于零，而不论此集合的位置状态如何．这是两者的区别．下面我们着重要谈到的是它们之间的联系．

定理 3.10　设 E 是 $\mathbb{R}^n$ 中的非空可测集且 $m(E) < +\infty$，$f, f_1, f_2, \cdots, f_k, \cdots$ 是 E 上几乎处处有限的可测函数．若 $\{f_k\}$ 在 E 上几乎处处收敛于 f，则 $\{f_k\}$ 在 E 上依测度收敛于 f．

证明 因为题设满足引理 3.1 的条件，故对任意的正数 ε，可知

$$\lim_{j \to \infty} m(\bigcup_{k=j}^{\infty}\{x \in E : \left|(f_k - f)(x)\right| \geqslant \varepsilon\}) = 0 .$$

由测度的单调性立即得到

$$\lim_{k \to \infty} m(\{x \in E : \left|(f_k - f)(x)\right| \geqslant \varepsilon\}) = 0 .$$

这说明 $\{f_k\}$ 在 E 上依测度收敛于 f . ∎

注： 在定理 3.10 中，条件 $m(E) < +\infty$ 不能去掉．例如考虑可测函数列

$$f_n(x) = \chi_{(0,n)}(x), n = 1, 2, \cdots, x \in (0, +\infty) .$$

显然 $\{f_n\}$ 在 $(0, +\infty)$ 上处处收敛于 1，但是

$$\lim_{n \to \infty} m(\left\{x \in (0, +\infty) : \left|f_n(x) - 1\right| \geqslant \frac{1}{2}\right\}) = \lim_{n \to \infty} m([n, +\infty)) = +\infty .$$

因此 $\{f_n\}$ 在 $(0, +\infty)$ 上不依测度收敛于 1.

定理 3.11 设 E 是 $\mathbb{R}^n$ 中的非空可测集，$f, f_1, f_2, \cdots, f_k, \cdots$ 是 E 上几乎处处有限的可测函数．若对任意正数 δ，存在 E 的可测子集 E_δ 且 $m(E_\delta) < \delta$，使得 $f, f_1, f_2, \cdots, f_k, \cdots$ 在 $E \setminus E_\delta$ 上都处处有限并且 $\{f_k\}$ 在 $E \setminus E_\delta$ 上一致收敛于 f，则 $\{f_k\}$ 在 E 上依测度收敛于 f．

证明 由于 $f, f_1, f_2, \cdots, f_k, \cdots$ 在 E 上几乎处处有限，从而存在 E 的一个零测度子集 Z，使得 $f, f_1, f_2, \cdots, f_k, \cdots$ 在 $E \setminus Z$ 上都处处有限．

对任意的正数 ε，下面我们证明

$$\lim_{k \to \infty} m(\{x \in E : \left|(f_k - f)(x)\right| \geqslant \varepsilon\}) = 0 .$$

由于

$$
\begin{aligned}
m(\{x \in E : \left|(f_k - f)(x)\right| \geqslant \varepsilon\}) &= m(\{x \in E \setminus Z : \left|(f_k - f)(x)\right| \geqslant \varepsilon\}) + \\
&\quad m(\{x \in Z : \left|(f_k - f)(x)\right| \geqslant \varepsilon\}) \\
&= m(\{x \in E \setminus Z : \left|(f_k - f)(x)\right| \geqslant \varepsilon\}),
\end{aligned}
$$

我们只需证明

$$\lim_{k\to\infty} m(\{x \in E \setminus Z : |(f_k - f)(x)| \geqslant \varepsilon\}) = 0 .$$

对任意的正数 δ，依假设存在 E 的可测子集 E_δ 且 $m(E_\delta) < \delta$，使得 $f, f_1, f_2, \cdots, f_k, \cdots$ 在 $E \setminus E_\delta$ 上都处处有限并且 $\{f_k\}$ 在 $E \setminus E_\delta$ 上一致收敛于 f。于是存在正整数 N，使得当 $k > N$ 时，对任意的 $x \in E \setminus E_\delta$ 有

$$|f_k(x) - f(x)| < \varepsilon .$$

由此可知，当 $k > N$ 时，有

$$\{x \in E \setminus Z : |(f_k - f)(x)| \geqslant \varepsilon\} = \{x \in E \setminus Z : |f_k(x) - f(x)| \geqslant \varepsilon\} \subseteq E_\delta .$$

这说明，当 $k > N$ 时，有

$$m(\{x \in E \setminus Z : |(f_k - f)(x)| \geqslant \varepsilon\}) \leqslant m(E_\delta) < \delta ,$$

因此

$$\lim_{k\to\infty} m(\{x \in E \setminus Z : |(f_k - f)(x)| \geqslant \varepsilon\}) = 0 . \blacksquare$$

在例 5 中我们已经看到，依测度收敛不能推出几乎处处收敛。但我们有下面的重要定理：

定理 3.12　（F. Riesz 定理）设 E 是 $\mathbb{R}^n$ 中的非空可测集，$f, f_1, f_2, \cdots, f_k, \cdots$ 是 E 上几乎处处有限的可测函数。若 $\{f_k\}$ 在 E 上依测度收敛于 f，则存在 $\{f_k\}$ 的子列 $\{f_{k_j}\}$，使得 $\{f_{k_j}\}$ 在 E 上几乎处处收敛于 f。

证明　由于 $f, f_1, f_2, \cdots, f_k, \cdots$ 在 E 上几乎处处有限，从而存在 E 的一个零测度子集 Z，使得 $f, f_1, f_2, \cdots, f_k, \cdots$ 在 $E \setminus Z$ 上都处处有限。

设 $\{f_k\}$ 在 E 上依测度收敛于 f。则对任意 $0 < \varepsilon < +\infty$ 和 $0 < \delta < +\infty$，存在正整数 N，使得当 $k > N$ 时，有

$$m(\{x \in E : |(f_k - f)(x)| \geqslant \varepsilon\}) < \delta .$$

于是对于每个正整数 j ，令 $\varepsilon = \dfrac{1}{j}, \delta = \dfrac{1}{2^j}$ ，可以依次选取正整数

$$k_1 < k_2 < \cdots < k_j < k_{j+1} < \cdots ,$$

使得

$$m(\left\{ x \in E : \left| (f_{k_j} - f)(x) \right| \geqslant \frac{1}{j} \right\}) < \frac{1}{2^j} . \qquad (3.1)$$

我们证明 $f_{k_j}(x) \to f(x)$ a. e. $x \in E$. 令

$$E_0 = (\bigcap_{N=1}^{\infty} \bigcup_{j=N}^{\infty} \left\{ x \in E : \left| (f_{k_j} - f)(x) \right| \geqslant \frac{1}{j} \right\}) \cup Z .$$

对每个正整数 N ，利用式（3.1）得到

$$m(E_0) \leqslant m(\bigcap_{N=1}^{\infty} \bigcup_{j=N}^{\infty} \left\{ x \in E : \left| (f_{k_j} - f)(x) \right| \geqslant \frac{1}{j} \right\}) + m(Z)$$

$$\leqslant m(\bigcup_{j=N}^{\infty} \left\{ x \in E : \left| (f_{k_j} - f)(x) \right| \geqslant \frac{1}{j} \right\})$$

$$\leqslant \sum_{j=N}^{\infty} m(\left\{ x \in E : \left| (f_{k_j} - f)(x) \right| \geqslant \frac{1}{j} \right\})$$

$$< \sum_{j=N}^{\infty} \frac{1}{2^j}$$

$$= \frac{1}{2^{N-1}}.$$

令 $N \to \infty$ 即知 $m(E_0) = 0$. 由 De Morgan 公式得到

$$E \setminus E_0 = (\bigcup_{N=1}^{\infty} \bigcap_{j=N}^{\infty} \left\{ x \in E : \left| (f_{k_j} - f)(x) \right| < \frac{1}{j} \right\}) \cap (E \setminus Z) .$$

因此若 $x \in E \setminus E_0$ ，则存在正整数 N ，使得当 $j \geqslant N$ 时，有

$$\left| f_{k_j}(x) - f(x) \right| < \frac{1}{j} .$$

因此 $\lim_{j \to \infty} f_{k_j}(x) = f(x)$. 这表明 $\left\{ f_{k_j} \right\}$ 在 $E \setminus E_0$ 上处处收敛于 f ，即 $\left\{ f_{k_j} \right\}$

在 E 上几乎处处收敛于 f . ■

定理 3.13　设 E 是 $\mathbb{R}^n$ 中的非空可测集且 $m(E) < +\infty$ ，$f, f_1, f_2, \cdots, f_k, \cdots$ 是 E 上几乎处处有限的可测函数 . 则 $\{f_k\}$ 在 E 上依测度收敛于 f 的充要条件是对 $\{f_k\}$ 的任一子列 $\{f_{k_j}\}$ ，都存在其子列 $\{f_{k_{j_i}}\}$ 使得 $\{f_{k_{j_i}}\}$ 在 E 上几乎处处收敛于 f .

证明　必要性：设 $\{f_k\}$ 在 E 上依测度收敛于 f . 显然 $\{f_k\}$ 的任一子列 $\{f_{k_j}\}$ 在 E 上也依测度收敛于 f . 根据定理 3.12，存在 $\{f_{k_j}\}$ 的子列 $\{f_{k_{j_i}}\}$ ，使得 $\{f_{k_{j_i}}\}$ 在 E 上几乎处处收敛于 f .

充分性：若 $\{f_k\}$ 在 E 上不依测度收敛于 f ，则存在正数 ε ，使得 $m(\{x \in E : |(f_k - f)(x)| \geqslant \varepsilon\})$ 不收敛于 0，于是存在正数 δ 和 $\{f_k\}$ 的一个子列 $\{f_{k_j}\}$ ，使得

$$m(\{x \in E : |(f_{k_j} - f)(x)| \geqslant \varepsilon\}) \geqslant \delta \quad (j = 1, 2, \cdots) . \tag{3.2}$$

另一方面，由假设条件，存在 $\{f_{k_j}\}$ 的子列 $\{f_{k_{j_i}}\}$ ，使得 $\{f_{k_{j_i}}\}$ 在 E 上几乎处处收敛于 f . 因为 $m(E) < +\infty$ ，由定理 3.10 此时应有 $\{f_{k_{j_i}}\}$ 在 E 上依测度收敛于 f . 但这与式（3.2）矛盾 . 因此必有 $\{f_k\}$ 在 E 上依测度收敛于 f . ■

Riesz 定理和定理 3.13 给出了依测度收敛和几乎处处收敛的联系 . 利用这种联系，常常可以把依测度收敛的问题转化为几乎处处收敛的问题 . 而几乎处处收敛是比较容易处理的 .

例 6　设 E 是 $\mathbb{R}^n$ 中的非空可测集且 $m(E) < +\infty$ ，$f, f_1, f_2, \cdots, f_k, \cdots$ 是 E 上的实值可测函数，φ 是 $\mathbb{R}$ 上的连续函数 . 若 $\{f_k\}$ 在 E 上依测度收敛于 f ，则 $\{\varphi \circ f_k\}$ 在 E 上依测度收敛于 $\varphi \circ f$.

证明　设 $\{\varphi \circ f_{k_j}\}$ 是 $\{\varphi \circ f_k\}$ 的任一子列 . 由于 $\{f_k\}$ 在 E 上依测度收敛

于 f，根据定理 3.12，存在 $\{f_{k_j}\}$ 的子列 $\{f_{k_{j_i}}\}$，使得 $\{f_{k_{j_i}}\}$ 在 E 上几乎处处收敛于 f．既然 φ 是连续的，因此有 $\{\varphi \circ f_{k_{j_i}}\}$ 在 E 上几乎处处收敛于 $\varphi \circ f$．这表明对 $\{\varphi \circ f_k\}$ 的任一子列 $\{\varphi \circ f_{k_j}\}$，都存在其子列 $\{\varphi \circ f_{k_{j_i}}\}$ 使得 $\{\varphi \circ f_{k_{j_i}}\}$ 在 E 上几乎处处收敛于 $\varphi \circ f$．再次应用定理 3.13 知道 $\{\varphi \circ f_k\}$ 在 E 上依测度收敛于 $\varphi \circ f$．∎

习题 3.2

1. 设 E 是 $\mathbb{R}^n$ 中的非空可测集且 $m(E) < +\infty$，f 是 E 上几乎处处有限的可测函数．证明对任意的正数 δ，存在 E 的可测子集 A，使得 $m(E \setminus A) < \delta$，并且 f 在 A 上有界．

2. 设 E 是 $\mathbb{R}^n$ 中的非空可测集，$f, f_1, f_2, \cdots, f_k, \cdots$ 是 E 上几乎处处有限的可测函数．若对任意正数 δ，存在 E 的可测子集 E_δ 且 $m(E \setminus E_\delta) < \delta$，使得 $f, f_1, f_2, \cdots, f_k, \cdots$ 在 E_δ 上都处处有限并且 $\{f_k\}$ 在 E_δ 上一致收敛于 f，证明 $\{f_k\}$ 在 E 上几乎处处收敛于 f．

3. 设 E 是 $\mathbb{R}^n$ 中的非空可测集且 $m(E) < +\infty$，$\{f_k\}$ 是 E 上的实值可测函数列．证明 $f_k(x) \to 0$ a.e. $x \in E$ 的充要条件是对任意的正数 ε 有

$$\lim_{j \to \infty} m\left(\left\{ x \in E : \sup_{k \geqslant j} |f_k(x)| \geqslant \varepsilon \right\}\right) = 0 .$$

4. 设 $\{E_j\}$ 是 $\mathbb{R}^n$ 中的一列非空可测集使得 $\sum_{j=1}^{\infty} m(E_j) < +\infty$，$f, f_1, f_2, \cdots, f_k, \cdots$ 是 $\bigcup_{j=1}^{\infty} E_j$ 上几乎处处有限的可测函数．若 $\{f_k\}$ 在每个 E_j 上依测度收敛于 f，证明 $\{f_k\}$ 在 $\bigcup_{j=1}^{\infty} E_j$ 上依测度收敛于 f．（提示：考虑不

等式

$$m(\{x \in \bigcup_{j=1}^{\infty} E_j : |(f_k - f)(x)| \geqslant \varepsilon\}) \leqslant \sum_{i=1}^{j} m(\{x \in E_i : |(f_k - f)(x)| \geqslant \varepsilon\}) + \sum_{i=j+1}^{\infty} m(E_i) \ )$$

5. 设 E 是 $\mathbb{R}^n$ 中的非空可测集，$f, f_1, f_2, \cdots, f_k, \cdots$ 是 E 上几乎处处有限的可测函数. 若 $\{f_k\}$ 在 E 上依测度收敛于 f，证明

$$(\varliminf_{k \to \infty} f_k)(x) \leqslant f(x) \leqslant (\varlimsup_{k \to \infty} f_k)(x), \ \text{a. e. } x \in E \ .$$

（提示：应用 Riesz 定理）

6. 设 E 是 $\mathbb{R}^n$ 中的非空可测集且 $m(E) < +\infty$，$f, f_1, f_2, \cdots, f_k, \cdots$ 是 E 上的实值可测函数. 若 $\{f_k\}$ 在 E 上依测度收敛于 f，证明 $\{|f_k|^p\}$ 在 E 上依测度收敛于 $|f|^p$，其中 $p > 0$.（提示：应用定理 3.13.）

3.3　Lebesgue 可测函数与连续函数的关系

$\mathbb{R}^n$ 上的可测函数与我们熟悉的连续函数有密切的联系. 一方面，可测集上的连续函数是可测函数；另一方面，本节将证明的 Lusin 定理表明，可测函数可以用连续函数在某种意义下逼近. 由于连续函数具有较好的性质，比较容易处理，因此这个结果在有些情况下是很有用的.

先看一个例子.

例 1　设 D 是区间 $[0,1]$ 上的 Dirichlet 函数

$$D(x) = \begin{cases} 1, & x \in [0,1] \cap \mathbb{Q}, \\ 0, & x \in [0,1] \cap \mathbb{Q}^c. \end{cases}$$

则 D 在 $[0,1]$ 上是可测的，但 D 在 $[0,1]$ 上处处不连续. 设 $[0,1]$ 中的有理数的全体为 $\{r_1, r_2, \cdots, r_n, \cdots\}$. 对任意正数 δ，令

$$F_\delta = [0,1] \setminus (\bigcup_{n=1}^{\infty}(r_n - \frac{\delta}{2^{n+1}}, r_n + \frac{\delta}{2^{n+1}})).$$

则 F_δ 是 $[0,1]$ 的闭子集，并且

$$m([0,1] \setminus F_\delta) \leqslant m(\bigcup_{n=1}^{\infty}(r_n - \frac{\delta}{2^{n+1}}, r_n + \frac{\delta}{2^{n+1}}))$$

$$\leqslant \sum_{n=1}^{\infty} m((r_n - \frac{\delta}{2^{n+1}}, r_n + \frac{\delta}{2^{n+1}}))$$

$$= \sum_{n=1}^{\infty} \frac{\delta}{2^n}$$

$$= \delta.$$

由于 F_δ 中不含有理数，因此 D 在 F_δ 上恒为零．所以 D 在 F_δ 上的限制所得到的函数 $D|_{F_\delta}$ 在 F_δ 上连续．

下面将要证明的 Lusin 定理表明，例 1 中出现的情况不是偶然的．先证明一个引理．

引理 3.2 设 $F_1, F_2, \cdots, F_k$ 是 $\mathbb{R}^n$ 中的 k 个互不相交的闭集，$F = \bigcup_{i=1}^{k} F_i$．则简单函数 $f(x) = \sum_{i=1}^{k} a_i \chi_{F_i}(x)$ $(x \in F)$ 是 F 上的连续函数．

证明 设 $x_0 \in F$，则存在正整数 i_0 $(1 \leqslant i_0 \leqslant k)$ 使得 $x_0 \in F_{i_0}$．由于 $F_1, F_2, \cdots, F_k$ 互不相交，故 $x_0 \notin \bigcup_{\substack{1 \leqslant i \leqslant k \\ i \neq i_0}} F_i$．令 $\delta = d(x_0, \bigcup_{\substack{1 \leqslant i \leqslant k \\ i \neq i_0}} F_i)$．由于 $\bigcup_{\substack{1 \leqslant i \leqslant k \\ i \neq i_0}} F_i$ 是闭集并且 $x_0 \notin \bigcup_{\substack{1 \leqslant i \leqslant k \\ i \neq i_0}} F_i$，从而 $\delta > 0$（见习题 1.3，第 3 题）．对任意正数 ε，当 $d(x, x_0) < \delta$ 并且 $x \in F$ 时，必有 $x \in F_{i_0}$．于是

$$|f(x) - f(x_0)| = |a_{i_0} - a_{i_0}| = 0 < \varepsilon.$$

故 f 在 x_0 处连续．由于 x_0 是在 F 中任意取的，因此 f 在 F 上连续．■

定理 3.14 （Lusin 定理）设 E 是 $\mathbb{R}^n$ 中的非空可测集，f 是 E 上几乎处处有限的可测函数．则对任意正数 δ，存在 E 的闭子集 F_δ，使得 $m(E \setminus F_\delta) < \delta$，

并且 f 是 F_δ 上的连续函数（即 $f|_{F_\delta}$ 在 F_δ 上连续）.

证明　分三步证明.

（1）先设 f 是简单函数，即

$$f(x) = \sum_{i=1}^{k} a_i \chi_{E_i}(x)\,(x \in E),$$

其中，$\{E_1, E_2, \cdots, E_k\}$ 是 E 的一个可测分割，$a_1, a_2, \cdots, a_k$ 是一组实数. 由定理 2.8，对任意给定的正数 δ，对每个 $i = 1, 2, \cdots, k$，存在 E_i 的闭子集 F_i 使得

$$m(E_i \setminus F_i) < \frac{\delta}{k}\ (i = 1, 2, \cdots, k).$$

令 $F_\delta = \bigcup_{i=1}^{k} F_i$，则 F_δ 是 E 的闭子集，并且

$$m(E \setminus F_\delta) = m(\bigcup_{i=1}^{k}(E_i \setminus F_i)) = \sum_{i=1}^{k} m(E_i \setminus F_i) < \delta.$$

由于将 f 限制在 F_δ 上时，f 的表达式为 $f(x) = \sum_{i=1}^{k} a_i \chi_{F_i}(x)\,(x \in F_\delta)$，根据引理 3.2，$f$ 是 F_δ 上的连续函数.

（2）设 f 是 E 上的实值可测函数. 若令

$$g(x) = \frac{f(x)}{1+|f(x)|}\ (x \in E)\ \left(\text{逆变换为 } f(x) = \frac{g(x)}{1-|g(x)|}\ (x \in E)\right),$$

则 g 是有界可测函数，并且若 g 在某个闭集 F_δ 上连续，则 f 也在 F_δ 上连续. 故不妨设 f 有界. 由推论 3.1，存在 E 上的简单函数列 $\{f_k\}$ 使得 $\{f_k\}$ 在 E 上一致收敛于 f. 对任给的正数 δ，由情形（1）的结论，对每个 f_k 存在 E 的闭子集 F_k，使得 f_k 在 F_k 上连续，并且

$$m(E \setminus F_k) < \frac{\delta}{2^k}.$$

令 $F_\delta = \bigcap_{k=1}^{\infty} F_k$，则 F_δ 是 E 的闭子集，并且

$$m(E \setminus F_\delta) = m(\bigcup_{k=1}^{\infty}(E \setminus F_k)) \leqslant \sum_{k=1}^{\infty} m(E \setminus F_k) < \sum_{k=1}^{\infty}\frac{\delta}{2^k} = \delta .$$

由于每个 f_k 在 F_δ 上连续，并且 $\{f_k\}$ 在 F_δ 上一致收敛于 f，因此 f 在 F_δ 上连续.

（3）一般情形. 设 f 是 E 上几乎处处有限的可测函数. 于是存在 E 的一个零测度子集 E_0，使得 f 是 $E \setminus E_0$ 上的实值可测函数. 对任给的正数 δ，由情形（2）的结论，存在 $E \setminus E_0$ 的闭子集 F_δ，使得 $m((E \setminus E_0) \setminus F_\delta) < \delta$，并且 f 在 F_δ 上连续. 由于

$$m(E \setminus F_\delta) = m((E \setminus E_0) \setminus F_\delta) + m(E_0 \setminus F_\delta) = m((E \setminus E_0) \setminus F_\delta) < \delta ,$$

这就证明了一般情形. ∎

注：Lusin 定理的逆命题也是成立的. 设 E 是 $\mathbb{R}^n$ 中的非空可测集，f 是 E 上几乎处处有限的广义实值函数. 若对任意正数 δ，存在 E 的闭子集 F_δ，使得 $m(E \setminus F_\delta) < \delta$，并且 f 在 F_δ 上连续，则 f 在 E 上可测. 事实上，对每个正整数 k，存在 E 的闭子集 F_k，使得 $m(E \setminus F_k) < \frac{1}{k}$，并且 f 在 F_k 上连续. 令 $F = \bigcup_{k=1}^{\infty} F_k$，于是 F 是 E 的可测子集并且

$$m(E \setminus F) = m(E \setminus (\bigcup_{k=1}^{\infty} F_k)) = m(\bigcap_{k=1}^{\infty}(E \setminus F_k)) \leqslant m(E \setminus F_k) < \frac{1}{k} .$$

令 $k \to \infty$ 即知 $m(E \setminus F) = 0$. 对任意实数 a，有

$$\{x \in E : f(x) > a\} = \{x \in E \setminus F : f(x) > a\} \bigcup \{x \in F : f(x) > a\}$$

$$= \{x \in E \setminus F : f(x) > a\} \bigcup (\bigcup_{k=1}^{\infty}\{x \in F_k : f(x) > a\}).$$

由于 $\{x \in E \setminus F : f(x) > a\}$ 是零测度集合 $E \setminus F$ 的子集，从而

$$\{x \in E \setminus F : f(x) > a\}$$

是可测集. 由于对每个正整数 k，f 在 F_k 上连续，从而 f 在 F_k 上可测（见 3.1 节例

3），因此 $\{x \in F_k : f(x) > a\}$ 是可测集，再由引理 25 知 $\bigcup\limits_{k=1}^{\infty}\{x \in F_k : f(x) > a\}$ 是可测集．于是 $\{x \in E : f(x) > a\}$ 是可测集．这表明 f 在 E 上可测．

下面将给出 Lusin 定理的另一种形式．为此，先作一些准备．

引理 3.3　设 A 是 $\mathbb{R}^n$ 的非空子集．则

（1）$d(x, A) = 0$ 当且仅当 $x \in \overline{A}$．

（2）$f(x) = d(x, A)\,(x \in \mathbb{R}^n)$ 是 $\mathbb{R}^n$ 上的连续函数．

证明　（1）若 $d(x, A) = 0$，注意到 $d(x, A) = \inf\{d(x, y) : y \in A\}$，从而对任意的正数 ε，存在 $y_\varepsilon \in A$ 使得 $d(x, y_\varepsilon) < \varepsilon$．于是对于每个正整数 k，令 $\varepsilon = \dfrac{1}{k}$，存在 $y_k \in A$ 使得 $d(x, y_k) < \dfrac{1}{k}$．这表明存在 A 中的点列 $\{y_k\}$ 使得 $\lim\limits_{k \to \infty} y_k = x$，由定理 1.17 知 $x \in \overline{A}$．

若 $x \in \overline{A}$，由定理 1.17 知存在 A 中的点列 $\{x_k\}$ 使得 $\lim\limits_{k \to \infty} x_k = x$，注意到 $0 \leqslant d(x, A) \leqslant d(x, x_k)$ 且 $\lim\limits_{k \to \infty} d(x, x_k) = 0$，从而 $d(x, A) = 0$．

（2）设 $x_0 \in \mathbb{R}^n$，下面我们证明 f 在 x_0 处连续．对任意的正数 ε，我们选取正数 δ 使得 $\delta < \dfrac{\varepsilon}{2}$．下面我们证明当 $x \in \mathbb{R}^n$ 且 $d(x, x_0) < \delta$ 时，有

$$\left| d(x, A) - d(x_0, A) \right| < \varepsilon,$$

亦即

$$d(x_0, A) - \varepsilon < d(x, A) < d(x_0, A) + \varepsilon.$$

设 $x \in \mathbb{R}^n$ 且 $d(x, x_0) < \delta$．由 $d(x_0, A)$ 的定义，存在 $y \in A$ 使得

$$d(x_0, y) < d(x_0, A) + \dfrac{\varepsilon}{2}.$$

于是

$$d(x, A) \leqslant d(x, y) \leqslant d(x, x_0) + d(x_0, y) < \delta + d(x_0, A) + \dfrac{\varepsilon}{2} < d(x_0, A) + \varepsilon.$$

由 $d(x, A)$ 的定义，存在 $z \in A$ 使得

$$d(x, z) < d(x, A) + \frac{\varepsilon}{2} .$$

于是

$$d(x_0, A) - \varepsilon \leqslant d(x_0, z) - \varepsilon \leqslant d(x_0, x) + d(x, z) - \varepsilon < \delta + d(x, A) + \frac{\varepsilon}{2} - \varepsilon < d(x, A) .$$

这表明当 $x \in \mathbb{R}^n$ 且 $d(x, x_0) < \delta$ 时，有

$$\left| d(x, A) - d(x_0, A) \right| < \varepsilon . \blacksquare$$

引理 3.4　设 $A, B \subseteq \mathbb{R}^n$ 是两个非空闭集，并且 $A \cap B = \varnothing$. 又设 a 和 b 实数，并且 $a < b$. 则存在 $\mathbb{R}^n$ 上的一个连续函数 f，使得 $f\big|_A = a, f\big|_B = b$，并且 $a \leqslant f(x) \leqslant b\, (x \in \mathbb{R}^n)$.

证明　由引理 3.3 知，$d(x, A)$ 作为 x 的函数在 $\mathbb{R}^n$ 上连续，并且若 A 是闭集，则 $d(x, A) = 0$ 当且仅当 $x \in A$. 因此，若令

$$f(x) = \frac{a \cdot d(x, B) + b \cdot d(x, A)}{d(x, B) + d(x, A)} \quad (x \in \mathbb{R}^n) ,$$

直接验证知道 f 满足所要求的性质 . $\blacksquare$

定理 3.15（Tietze 扩张定理）设 F 是 $\mathbb{R}^n$ 中的非空闭集，f 是定义在 F 上的连续函数 . 则存在 $\mathbb{R}^n$ 上的连续函数 g，使得当 $x \in F$ 时 $g(x) = f(x)$，并且

$$\sup_{x \in \mathbb{R}^n} \left| g(x) \right| = \sup_{x \in F} \left| f(x) \right| . \tag{3.3}$$

证明　先设 $\sup_{x \in F} |f(x)| = M < +\infty$. 如果 $M = 0$，此时 f 是 F 上的常值函数 0，我们可以取 g 为 $\mathbb{R}^n$ 上的常值函数 0，直接验证知道 g 满足所要求的性质 . 以下我们假设 $0 < M < +\infty$. 令

$$A = \left\{ x \in F : -M \leqslant f(x) \leqslant -\frac{M}{3} \right\}, B = \left\{ x \in F : \frac{M}{3} \leqslant f(x) \leqslant M \right\} .$$

由于 f 在 F 上连续，根据 1.3 节的例 9 知道 A 和 B 是两个闭集，并且 $A \cap B = \varnothing$. 下面我们分四种情形讨论 .

情形 1. $A = \varnothing$ 且 $B = \varnothing$.

此时若 $x \in F$ ，则 $-\dfrac{M}{3} < f(x) < \dfrac{M}{3}$. 显然存在 $\mathbb{R}^n$ 上的连续函数 g_1 （比

如取 $g_1(x) \equiv \dfrac{M}{3}\,(x \in \mathbb{R}^n)$ ），使得

$$|g_1(x)| \leqslant \frac{M}{3}\ \ (x \in \mathbb{R}^n) .$$

容易知道

$$|f(x) - g_1(x)| \leqslant \frac{2}{3}M\ \ (x \in F) .$$

情形 2. $A = \varnothing$ 且 $B \neq \varnothing$.

此时若 $x \in F \setminus B$ ，则 $-\dfrac{M}{3} < f(x) < \dfrac{M}{3}$. 显然存在 $\mathbb{R}^n$ 上的连续函数 g_1

（比如取 $g_1(x) \equiv \dfrac{M}{3}\,(x \in \mathbb{R}^n)$ ），使得 $g_1|_B = \dfrac{M}{3}$ ，并且

$$|g_1(x)| \leqslant \frac{M}{3}\ \ (x \in \mathbb{R}^n) .$$

分别考查当 x 属于 B 和 $F \setminus B$ 的情形，容易知道

$$|f(x) - g_1(x)| \leqslant \frac{2}{3}M\ \ (x \in F) .$$

情形 3. $A \neq \varnothing$ 且 $B = \varnothing$.

此时若 $x \in F \setminus A$ ，则 $-\dfrac{M}{3} < f(x) < \dfrac{M}{3}$. 显然存在 $\mathbb{R}^n$ 上的连续函数 g_1

（比如取 $g_1(x) \equiv -\dfrac{M}{3}\,(x \in \mathbb{R}^n)$ ），使得 $g_1|_A = -\dfrac{M}{3}$ ，并且

$$|g_1(x)| \leqslant \frac{M}{3}\ \ (x \in \mathbb{R}^n) .$$

分别考查当 x 属于 A 和 $F \setminus A$ 的情形，容易知道

$$|f(x) - g_1(x)| \leqslant \frac{2}{3}M\ \ (x \in F) .$$

情形 4. $A \neq \varnothing$ 且 $B \neq \varnothing$.

此时若 $x \in F \setminus (A \cup B)$，则 $-\dfrac{M}{3} < f(x) < \dfrac{M}{3}$．由引理 3.4 知，存在 $\mathbb{R}^n$

上的一个连续函数 g_1，使得 $g_1|_A = -\dfrac{M}{3}, g_1|_B = \dfrac{M}{3}$，并且

$$\left| g_1(x) \right| \leqslant \frac{M}{3} \ (x \in \mathbb{R}^n).$$

分别考查当 x 属于 A, B 和 $F \setminus (A \cup B)$ 的情形，容易知道

$$\left| f(x) - g_1(x) \right| \leqslant \frac{2}{3} M \ (x \in F).$$

综合上述四种情形，存在 $\mathbb{R}^n$ 上的一个连续函数 g_1，使得

$$\left| g_1(x) \right| \leqslant \frac{M}{3} \ (x \in \mathbb{R}^n), \ \left| f(x) - g_1(x) \right| \leqslant \frac{2}{3} M \ (x \in F).$$

对函数 $f - g_1$，存在 $\mathbb{R}^n$ 上的一个连续函数 g_2，使得（注意此时

$|f - g_1|$ 的上界是 $\dfrac{2}{3} M$）$\left| g_2(x) \right| \leqslant \dfrac{1}{3} \cdot \dfrac{2}{3} M \ (x \in \mathbb{R}^n),$

$$\left| f(x) - g_1(x) - g_2(x) \right| \leqslant \frac{2}{3} \cdot \frac{2}{3} M = \left(\frac{2}{3} \right)^2 M \ (x \in F).$$

这样一直作下去，得到 $\mathbb{R}^n$ 上的一列连续函数 $\{g_k\}$，使得

$$\left| g_k(x) \right| \leqslant \frac{1}{3} \cdot \left(\frac{2}{3} \right)^{k-1} M \ (x \in \mathbb{R}^n, k = 1, 2, \cdots), \tag{3.4}$$

$$\left| f(x) - \sum_{i=1}^{k} g_i(x) \right| \leqslant \left(\frac{2}{3} \right)^k M \ (x \in F, k = 1, 2, \cdots). \tag{3.5}$$

由式（3.4）知道函数项级数 $\sum_{k=1}^{\infty} g_k(x)$ 在 $\mathbb{R}^n$ 上一致收敛．记其和函数为

$g(x) \ (x \in \mathbb{R}^n)$．由于每个 g_k 是 $\mathbb{R}^n$ 上的连续函数且 $\sum_{k=1}^{\infty} g_k(x)$ 在 $\mathbb{R}^n$ 上一致收

敛，依和函数的连续性知 g 是 $\mathbb{R}^n$ 上的连续函数．而式（3.5）表明当 $x \in F$

时 $g(x) = f(x)$，并且

$$\left| g(x) \right| \leqslant \sum_{k=1}^{\infty} \left| g_k(x) \right| \leqslant \frac{M}{3} \sum_{k=1}^{\infty} \left(\frac{2}{3} \right)^{k-1} = M \ (x \in \mathbb{R}^n).$$

因此 $\sup_{x \in \mathbb{R}^n} |g(x)| \leqslant \sup_{x \in F} |f(x)|$．注意到

$$\sup_{x\in\mathbb{R}^n}|g(x)| \geqslant \sup_{x\in F}|g(x)| = \sup_{x\in F}|f(x)| \ .$$

这表明式（3.3）成立. 这就证明了当 f 有界时, 定理的结论成立.

若 f 无界, 令 $u(x)=\arctan f(x)\,(x\in F)$, 则 $|u(x)|<\dfrac{\pi}{2}\,(x\in F)$. 由上面的证明过程, 存在 $\mathbb{R}^n$ 上的连续函数 v, 使得当 $x\in F$ 时 $v(x)=u(x)$, 并且

$$\sup_{x\in\mathbb{R}^n}|v(x)| = \sup_{x\in F}|u(x)| \leqslant \frac{\pi}{2} \ .$$

下面我们分两种情形讨论.

情形 1. $v^{-1}(\{-\dfrac{\pi}{2}\})-\varnothing$ 且 $v^{-1}(\{\dfrac{\pi}{2}\})=\varnothing$.

此时对任意的 $x\in\mathbb{R}^n$, 都有 $|v(x)|<\dfrac{\pi}{2}$. 令 $g(x)=\tan v(x)\,(x\in\mathbb{R}^n)$. 则 g 是 $\mathbb{R}^n$ 上的连续函数并且当 $x\in F$ 时,

$$g(x) = \tan v(x) = \tan u(x) = f(x) \ .$$

情形 2. $v^{-1}(\{-\dfrac{\pi}{2}\})\neq\varnothing$ 或 $v^{-1}(\{\dfrac{\pi}{2}\})\neq\varnothing$.

由于 v 在 $\mathbb{R}^n$ 上连续, 根据 1.3 节的例 10 知道 $v^{-1}(\{-\dfrac{\pi}{2}\})$ 和 $v^{-1}(\{\dfrac{\pi}{2}\})$ 都是 $\mathbb{R}^n$ 中的闭集. 注意到 $v^{-1}(\{-\dfrac{\pi}{2}\})\neq\varnothing$ 或 $v^{-1}(\{\dfrac{\pi}{2}\})\neq\varnothing$, 从而

$$v^{-1}((\{-\frac{\pi}{2}\})\cup v^{-1}(\{\frac{\pi}{2}\}))$$

是 $\mathbb{R}^n$ 中的非空闭集. 由于当 $x\in F$ 时 $v(x)=u(x)$ 且 $|u(x)|<\dfrac{\pi}{2}\,(x\in F)$, 于是

$$(v^{-1}(\{-\frac{\pi}{2}\})\cup v^{-1}(\{\frac{\pi}{2}\}))\ \bigcap F = \varnothing \ .$$

由引理 3.4 知, 存在 $\mathbb{R}^n$ 上的一个连续函数 ϕ, 使得

$$\phi\big|_{v^{-1}(\{-\frac{\pi}{2}\})\cup v^{-1}(\{\frac{\pi}{2}\})} = 0,\ \phi\big|_F = 1 \ ,$$

并且

$$0\leqslant\phi(x)\leqslant 1\,(x\in\mathbb{R}^n) \ .$$

定义

$$h(x) = \phi(x) \cdot v(x) \, (x \in \mathbb{R}^n) \, .$$

显然 h 在 $\mathbb{R}^n$ 上连续，并且当 $x \in F$ 时，

$$h(x) = \phi(x) \cdot v(x) = 1 \cdot v(x) = u(x) \, .$$

此外，对任意的 $x \in \mathbb{R}^n$，都有 $|h(x)| < \dfrac{\pi}{2}$. 事实上，

当 $x \in v^{-1}(\{-\dfrac{\pi}{2}\}) \bigcup v^{-1}(\{\dfrac{\pi}{2}\})$ 时，

$$|h(x)| = |\phi(x) \cdot v(x)| = |0 \cdot v(x)| = 0 < \dfrac{\pi}{2} \, .$$

当 $x \in \mathbb{R}^n \setminus (v^{-1}(\{-\dfrac{\pi}{2}\}) \bigcup v^{-1}(\{\dfrac{\pi}{2}\}))$ 时，

$$|h(x)| = |\phi(x) \cdot v(x)| \leqslant |v(x)| < \dfrac{\pi}{2} \, .$$

令 $g(x) = \tan h(x) \, (x \in \mathbb{R}^n)$. 则 g 是 $\mathbb{R}^n$ 上的连续函数并且当 $x \in F$ 时，

$$g(x) = \tan h(x) = \tan u(x) = f(x) \, .$$

综合上述两种情形，存在 $\mathbb{R}^n$ 上的一个连续函数 g，使得当 $x \in F$ 时

$$g(x) = f(x) \, .$$

由于 f 在 F 上无界，从而 g 在 $\mathbb{R}^n$ 上也无界，于是

$$\sup_{x \in \mathbb{R}^n} |g(x)| = \sup_{x \in F} |f(x)| = +\infty \, . \blacksquare$$

定理 3.16 （Lusin 定理）设 E 是 $\mathbb{R}^n$ 中的非空可测集，f 是 E 上几乎处处有限的可测函数. 则对任意正数 δ，存在 $\mathbb{R}^n$ 上的连续函数 g，使得

$$m\{x \in E : f(x) \neq g(x)\} < \delta \, , \qquad (3.6)$$

并且

$$\sup_{x \in \mathbb{R}^n} |g(x)| \leqslant \sup_{x \in E} |f(x)| \, . \qquad (3.7)$$

证明 由定理 3.14，对任意正数 δ，存在 E 的闭子集 F，使得 f 在 F 上连续并且 $m(E \setminus F) < \delta$. 由 Tietze 扩张定理（定理 3.15），存在 $\mathbb{R}^n$ 上的

连续函数 g，使得当 $x \in F$ 时 $g(x) = f(x)$，并且

$$\sup_{x \in \mathbb{R}^n} |g(x)| = \sup_{x \in F} |f(x)| \leqslant \sup_{x \in E} |f(x)| .$$

由于 $\{x \in E : f(x) \neq g(x)\} \subseteq E \setminus F$，因此

$$m\{x \in E : f(x) \neq g(x)\} \leqslant m(E \setminus F) < \delta . \blacksquare$$

定义在 $\mathbb{R}^n$ 上的实值函数 f 称为是具有紧支集的，若存在一个有界集 A，使得当 $x \in A^C$ 时，$f(x) = 0$．

推论 3.3　在定理 3.16 中，若 E 是有界集，则还可以使得 g 是具有紧支集的连续函数．

证明　沿用定理 3.16 的证明中的记号．若 E 是有界集，则存在两个正数 r_1, r_2 使得 $E \subseteq \overline{B(0, r_1)} \subseteq B(0, r_2)$．由于

$$\overline{B(0, r_1)} \bigcap (\mathbb{R}^n \setminus B(0, r_2)) = \varnothing ,$$

由引理 3.4，存在 $\mathbb{R}^n$ 上的一个连续函数 φ，使得 $0 \leqslant \varphi(x) \leqslant 1 \, (x \in \mathbb{R}^n)$ 并且

$$\varphi\big|_{\overline{B(0, r_1)}} = 1, \varphi\big|_{\mathbb{R}^n \setminus B(0, r_2)} = 0 .$$

令

$$g_1(x) = g(x)\varphi(x) \, (x \in \mathbb{R}^n) .$$

由于 $B(0, r_2)$ 是有界集，并且当 $x \in \mathbb{R}^n \setminus B(0, r_2)$ 时，$g_1(x) = 0$，从而 g_1 是 $\mathbb{R}^n$ 上的具有紧支集的连续函数．此外

$$m\{x \in E : f(x) \neq g_1(x)\} = m\{x \in E : f(x) \neq g(x)\}$$

并且

$$\sup_{x \in \mathbb{R}^n} |g_1(x)| \leqslant \sup_{x \in \mathbb{R}^n} |g(x)| \leqslant \sup_{x \in E} |f(x)| .$$

于是 g_1 仍满足式（3.6）和式（3.7）．$\blacksquare$

第4章 Lebesgue 积分

在前面各章作了必要的准备后，本章开始介绍新的积分．在 Lebesgue 测度理论的基础上建立的 Lebesgue 积分，其被积函数和积分域更一般，可以对有界函数和无界函数、有界积分域和无界积分域，以及不同维数空间的情形统一处理．Lebesgue 积分不仅理论上更简洁，而且具有在很一般条件下的极限定理和累次积分交换积分顺序的定理．这使得 Lebesgue 积分不仅在理论上更完善，而且在理论推导和计算上更灵活便利．Lebesgue 积分理论已经成为现代分析数学必不可少的基础．

Lebesgue 积分有几种不同但彼此等价的定义方式．我们将采用逐步定义非负简单函数，非负可测函数和一般可测函数积分的方式．

4.1　Lebesgue 积分的定义

4.1.1　非负简单函数的 Lebesgue 积分

定义 4.1　设 E 是 $\mathbb{R}^n$ 中的非空可测集，$f(x) = \sum_{i=1}^{k} a_i \chi_{A_i}(x)\,(x \in E)$ 是 E 上的非负简单函数，其中 $\{A_1, A_2, \cdots, A_k\}$ 是 E 的一个可测分割，$a_1, a_2, \cdots, a_k$ 是一组非负实数 . f 在 E 上的 Lebesgue 积分定义为

$$\int_E f(x)\,\mathrm{d}x = \sum_{i=1}^{k} a_i m(A_i)\ .$$

一般情况下，$0 \leqslant \int_E f(x)\,\mathrm{d}x \leqslant +\infty$. 若 $\int_E f(x)\,\mathrm{d}x < +\infty$ ，则称 f 在 E 上 Lebesgue 可积 .

注：在定义 4.1 中，$\int_E f(x)\,\mathrm{d}x$ 的值是确定的，即不依赖于 f 的表达式的选取 . 事实上，设 $f(x) = \sum_{j=1}^{l} b_j \chi_{B_j}(x)\,(x \in E)$ 是 f 的另一表达式，则

$$m(A_i) = \sum_{j=1}^{l} m(A_i \cap B_j)\,(i = 1, 2, \cdots, k)\ ,$$

$$m(B_j) = \sum_{i=1}^{k} m(A_i \cap B_j)\,(j = 1, 2, \cdots, l)\ .$$

由于当 $A_i \cap B_j \neq \varnothing$ 时必有 $a_i = b_j$ ，因此

$$\sum_{i=1}^{k} a_i m(A_i) = \sum_{i=1}^{k} \sum_{j=1}^{l} a_i m(A_i \cap B_j) = \sum_{j=1}^{l} \sum_{i=1}^{k} b_j m(A_i \cap B_j) = \sum_{j=1}^{l} b_j m(B_j)\ .$$

这表明 $\int_E f(x)\,\mathrm{d}x$ 的值不依赖于 f 的表达式的选取 .

定义 4.2　设 E 是 $\mathbb{R}^n$ 中的非空可测集，$f(x) = \sum_{i=1}^{k} a_i \chi_{A_i}(x)\,(x \in E)$ 是 E 上的非负简单函数，其中 $\{A_1, A_2, \cdots, A_k\}$ 是 E 的一个可测分割，$a_1, a_2, \cdots, a_k$ 是一组非负实数 . 设 $A \subseteq E$ 为可测集，f 在 A 上的 Lebesgue 积

分定义为 f 在 A 上的限制 $f|_A$ 在 A 上的 Lebesgue 积分，记作 $\int_A f(x)\,dx$，于是

$$\int_A f(x)\,dx = \sum_{i=1}^{k} a_i m(A \cap A_i) .$$

例 1 设 D 是 $\mathbb{R}$ 上的 Dirichlet 函数

$$D(x) = \begin{cases} 1, & x \in \mathbb{Q}, \\ 0, & x \in \mathbb{R} \setminus \mathbb{Q}, \end{cases}$$

则 $\int_{\mathbb{R}} D(x)\,dx = 1 \cdot m(\mathbb{Q}) + 0 \cdot m(\mathbb{Q}^C) = 1 \cdot 0 + 0 \cdot (+\infty) = 0$. ∎

定理 4.1 设 E 是 $\mathbb{R}^n$ 中的非空可测集，f 为 E 上的一个非负简单函数. 我们有

（1）对于任意的非负实数 c，$\int_E c \cdot f(x)\,dx = c \cdot \int_E f(x)\,dx$.

（2）设 A 和 B 是 E 的两个不相交的可测子集，则

$$\int_{A \cup B} f(x)\,dx = \int_A f(x)\,dx + \int_B f(x)\,dx .$$

（3）设 $\{E_m\}$ 是 E 的一列可测子集，满足

① $E_1 \subseteq E_2 \subseteq \cdots \subseteq E_m \subseteq E_{m+1} \subseteq \cdots$；

② $\displaystyle\bigcup_{m=1}^{\infty} E_m = E$，

则

$$\lim_{m \to \infty} \int_{E_m} f(x)\,dx = \int_E f(x)\,dx .$$

证明 设 $f(x) = \sum_{i=1}^{k} a_i \chi_{A_i}(x)\,(x \in E)$，其中 $\{A_1, A_2, \cdots, A_k\}$ 是 E 的一个可测分割，$a_1, a_2, \cdots, a_k$ 是一组非负实数.

（1）$\int_E c \cdot f(x)\,dx = \sum_{i=1}^{k} c a_i m(A_i) = c \sum_{i=1}^{k} a_i m(A_i) = c \cdot \int_E f(x)\,dx$.

（2）$\int_{A \cup B} f(x)\,dx = \sum_{i=1}^{k} a_i m((A \cup B) \cap A_i) = \sum_{i=1}^{k} a_i m(A \cap A_i) + \sum_{i=1}^{k} a_i m(B \cap A_i)$

$$= \int_A f(x)\,dx + \int_B f(x)\,dx .$$

（3）$\displaystyle\lim_{m\to\infty}\int_{E_m}f(x)\,\mathrm{d}x=\lim_{m\to\infty}\sum_{i=1}^{k}a_im(E_m\cap A_i)=\sum_{i=1}^{k}a_im(A_i)=\int_E f(x)\,\mathrm{d}x$. ∎

定理 4.2 设 E 是 $\mathbb{R}^n$ 中的非空可测集，f 和 g 都是 E 上的非负简单函数，则

$$\int_E f(x)\,\mathrm{d}x+\int_E g(x)\,\mathrm{d}x=\int_E(f(x)+g(x))\,\mathrm{d}x\ ;$$

对于任意的非负实数 α 和 β，有

$$\alpha\int_E f(x)\,\mathrm{d}x+\beta\int_E g(x)\,\mathrm{d}x=\int_E(\alpha f(x)+\beta g(x))\,\mathrm{d}x\ .$$

证明 （1）由定义 3.2 下方的注，可以设 f 和 g 的表达式中所对应的 E 的可测分割是一样的．设

$$f(x)=\sum_{i=1}^{k}\alpha_i\chi_{A_i}(x)\,(x\in E)\ ,\quad g(x)=\sum_{i=1}^{k}\beta_i\chi_{A_i}(x)\,(x\in E),$$

其中，$\{A_1,A_2,\cdots,A_k\}$ 是 E 的一个可测分割，$\alpha_1,\alpha_2,\cdots,\alpha_k$ 和 $\beta_1,\beta_2,\cdots,\beta_k$ 是两组非负实数．于是

$$\begin{aligned}
\int_E(f(x)+g(x))\,\mathrm{d}x &=\sum_{i=1}^{k}(\alpha_i+\beta_i)m(A_i)\\
&=\sum_{i=1}^{k}\alpha_im(A_i)+\sum_{i=1}^{k}\beta_im(A_i)\\
&=\int_E f(x)\,\mathrm{d}x+\int_E g(x)\,\mathrm{d}x.
\end{aligned}$$

（2）由本定理的（1）和本节定理 4.1 即得．∎

4.1.2 非负可测函数的 Lebesgue 积分

定义 4.3 设 E 是 $\mathbb{R}^n$ 中的非空可测集，f 是 E 上的一个非负可测函数，f 在 E 上的 Lebesgue 积分定义为

$$\int_E f(x)\,\mathrm{d}x=\sup\Big\{\int_E\varphi(x)\,\mathrm{d}x:\varphi\text{ 是 }E\text{ 上的非负简单函数}$$
$$\text{且 }x\in E\text{ 时},0\leqslant\varphi(x)\leqslant f(x)\Big\}.$$

一般情况下，$0 \leqslant \int_E f(x)\,\mathrm{d}x \leqslant +\infty$．若 $\int_E f(x)\,\mathrm{d}x < +\infty$，则称 f 在 E 上 Lebesgue 可积．

设 $A \subseteq E$ 为可测集，f 在 A 上的 Lebesgue 积分定义为 f 在 A 上的限制 $f\big|_A$ 在 A 上的 Lebesgue 积分，记作 $\int_A f(x)\,\mathrm{d}x$，于是

$$\int_A f(x)\,\mathrm{d}x = \sup\Big\{\int_A \varphi(x)\,\mathrm{d}x : \varphi \text{ 是 } A \text{ 上的非负简单函数}$$
$$\text{且 } x \in A \text{ 时}, 0 \leqslant \varphi(x) \leqslant f(x)\Big\}.$$

定理 4.3 设 E 是 $\mathbb{R}^n$ 中的非空可测集，f 为 E 上的一个非负可测函数，我们有

（1）若 $m(E) = 0$，则 $\int_E f(x)\,\mathrm{d}x = 0$．

（2）若 $\int_E f(x)\,\mathrm{d}x = 0$，则 $f(x) = 0$ a. e. $x \in E$．

（3）若 $\int_E f(x)\,\mathrm{d}x < +\infty$，则 $0 \leqslant f(x) < +\infty$ a. e. $x \in E$．

（4）设 A 和 B 是 E 的两个不相交的可测子集，则

$$\int_{A \cup B} f(x)\,\mathrm{d}x = \int_A f(x)\,\mathrm{d}x + \int_B f(x)\,\mathrm{d}x .$$

（5）设 A 是 E 的可测子集，则

$$\int_A f(x)\,\mathrm{d}x = \int_E f(x) \cdot \chi_A(x)\,\mathrm{d}x .$$

证明　（1）设 φ 是 E 上任一满足条件

$$x \in E \text{ 时 } 0 \leqslant \varphi(x) \leqslant f(x)$$

的非负简单函数．由于 $m(E) = 0$，从而 $\int_E \varphi(x)\,\mathrm{d}x = 0$．再由定义 4.3 知

$$\int_E f(x)\,\mathrm{d}x = 0 .$$

（2）对于任意的正整数 k，令

$$A_k = \left\{ x \in E : f(x) \geqslant \frac{1}{k} \right\},$$

$$\varphi_k(x) = \begin{cases} \dfrac{1}{k}, & x \in A_k, \\ 0, & x \in E \setminus A_k. \end{cases}$$

则 $0 = \int_E f(x)\,dx \geqslant \int_E \varphi_k(x)\,dx = \dfrac{1}{k} \cdot m(A_k) \geqslant 0$，故 $m(A_k) = 0$．而

$$\{x \in E : f(x) > 0\} = \bigcup_{k=1}^{\infty} A_k .$$

故 $m(\{x \in E : f(x) > 0\}) = 0$．因而 $f(x) = 0$ a.e. $x \in E$．

（3）令 $E_\infty = \{x \in E : f(x) = +\infty\}$．

对于任一正整数 k，令

$$\varphi_k(x) = \begin{cases} k, & x \in E_\infty, \\ 0, & x \in E \setminus E_\infty. \end{cases}$$

则 $+\infty > \int_E f(x)\,dx \geqslant \int_E \varphi_k(x)\,dx = k \cdot m(E_\infty) \geqslant 0$．故 $0 \leqslant m(E_\infty) \leqslant \dfrac{1}{k} \cdot \int_E f(x)\,dx$

对任意的正整数 k 都成立．所以 $m(E_\infty) = 0$．因而 $0 \leqslant f(x) < +\infty$ a.e. $x \in E$．

（4）设 φ 是 $A \cup B$ 上任一满足条件

$$x \in A \cup B \text{ 时 } 0 \leqslant \varphi(x) \leqslant f(x)$$

的非负简单函数．由定理 4.1 和本节的定义 4.3 得

$$\int_{A \cup B} \varphi(x)\,dx = \int_A \varphi(x)\,dx + \int_B \varphi(x)\,dx \leqslant \int_A f(x)\,dx + \int_B f(x)\,dx .$$

因而

$$\int_{A \cup B} f(x)\,dx \leqslant \int_A f(x)\,dx + \int_B f(x)\,dx .$$

另一方面，设 φ_1 是 A 上任一满足条件

$$x \in A \text{ 时 } 0 \leqslant \varphi_1(x) \leqslant f(x)$$

的非负简单函数，φ_2 是 B 上任一满足条件

$$x \in B \text{ 时 } 0 \leqslant \varphi_2(x) \leqslant f(x)$$

的非负简单函数．令

$$\psi(x) = \begin{cases} \varphi_1(x), & x \in A, \\ \varphi_2(x), & x \in B. \end{cases}$$

容易检验 ψ 是 $A \cup B$ 上的非负简单函数且满足

$$\int_{A\cup B}\psi(x)\,\mathrm{d}x = \int_A \varphi_1(x)\,\mathrm{d}x + \int_B \varphi_2(x)\,\mathrm{d}x$$

以及当 $x\in A\cup B$ 时，$0\leqslant\psi(x)\leqslant f(x)$．于是

$$\int_{A\cup B} f(x)\,\mathrm{d}x \geqslant \int_{A\cup B}\psi(x)\,\mathrm{d}x$$
$$= \int_A \varphi_1(x)\,\mathrm{d}x + \int_B \varphi_2(x)\,\mathrm{d}x.$$

故 $\int_{A\cup B} f(x)\,\mathrm{d}x \geqslant \int_A f(x)\,\mathrm{d}x + \int_B f(x)\,\mathrm{d}x$．

由以上两方面可知

$$\int_{A\cup B} f(x)\,\mathrm{d}x = \int_A f(x)\,\mathrm{d}x + \int_B f(x)\,\mathrm{d}x.$$

（5）设 φ 是 A 上任一满足条件

$$x\in A \text{ 时 } 0\leqslant\varphi(x)\leqslant f(x)$$

的非负简单函数．令

$$\psi(x)=\begin{cases}\varphi(x), & x\in A,\\ 0, & x\in E\setminus A.\end{cases}$$

容易检验 ψ 是 E 上的非负简单函数且满足

$$\int_E \psi(x)\,\mathrm{d}x = \int_A \varphi(x)\,\mathrm{d}x$$

以及当 $x\in E$ 时，$0\leqslant\psi(x)\leqslant f(x)\cdot\chi_A(x)$．于是

$$\int_A \varphi(x)\,\mathrm{d}x = \int_E \psi(x)\,\mathrm{d}x \leqslant \int_E f(x)\cdot\chi_A(x)\,\mathrm{d}x.$$

故 $\int_A f(x)\,\mathrm{d}x \leqslant \int_E f(x)\cdot\chi_A(x)\,\mathrm{d}x$．

另一方面，设 φ 是 E 上任一满足条件

$$x\in E \text{ 时 } 0\leqslant\varphi(x)\leqslant f(x)\cdot\chi_A(x)$$

的非负简单函数．容易检验当 $x\in A$ 时，$0\leqslant\varphi(x)\leqslant f(x)$；当 $x\in E\setminus A$ 时，

$\varphi(x)=0$．此外，$\int_E \varphi(x)\,\mathrm{d}x = \int_A \varphi(x)\,\mathrm{d}x$．于是

$$\int_E \varphi(x)\,\mathrm{d}x = \int_A \varphi(x)\,\mathrm{d}x \leqslant \int_A f(x)\,\mathrm{d}x.$$

故 $\int_E f(x) \cdot \chi_A(x)\,\mathrm{d}x \leqslant \int_A f(x)\,\mathrm{d}x$.

由以上两方面可知

$$\int_A f(x)\,\mathrm{d}x = \int_E f(x) \cdot \chi_A(x)\,\mathrm{d}x \; . \blacksquare$$

注：在定理 4.3 中，由 "$\int_E f(x)\,\mathrm{d}x = 0$" 不能够推出 "$f$ 在 E 上处处取值为 0"，只能够蕴含 "f 在 E 上几乎处处等于 0"．例如，设 D 是 $\mathbb{R}$ 上的 Dirichlet 函数

$$D(x) = \begin{cases} 1, & x \in \mathbb{Q}, \\ 0, & x \in \mathbb{R} \setminus \mathbb{Q}. \end{cases}$$

显然 $\int_{\mathbb{R}} D(x)\,\mathrm{d}x = 0$ 并且 $D(x) = 0$ a. e. $x \in \mathbb{R}$，但 D 在有理点处取值为 1，从而 D 不是常值函数 0．

定理 4.4 设 E 是 $\mathbb{R}^n$ 中的非空可测集，f 和 g 都是 E 上的非负可测函数．我们有

（1）若 $f(x) \leqslant g(x)$ a. e. $x \in E$，则 $\int_E f(x)\,\mathrm{d}x \leqslant \int_E g(x)\,\mathrm{d}x$；这时，若 g 在 E 上 Lebesgue 可积，则 f 也在 E 上 Lebesgue 可积．

（2）若 $f(x) = g(x)$ a. e. $x \in E$，则 $\int_E f(x)\,\mathrm{d}x = \int_E g(x)\,\mathrm{d}x$；特别地，若 $f(x) = 0$ a. e. $x \in E$，则 $\int_E f(x)\,\mathrm{d}x = 0$．

证明 （1）令 $E_1 = \{x \in E : f(x) \leqslant g(x)\}$，$E_2 = \{x \in E : f(x) > g(x)\}$，则 E_1 和 E_2 都是 E 的可测子集，$E_1 \bigcap E_2 = \varnothing$，$E_1 \bigcup E_2 = E$，且 $m(E_2) = 0$．

由本节定理 4.3，$\int_E f(x)\,\mathrm{d}x = \int_{E_1} f(x)\,\mathrm{d}x$，$\int_E g(x)\,\mathrm{d}x = \int_{E_1} g(x)\,\mathrm{d}x$．对于 E_1 上任一满足条件 $x \in E_1$ 时 $0 \leqslant \varphi(x) \leqslant f(x)$ 的非负简单函数 φ．显然 $x \in E_1$ 时，$0 \leqslant \varphi(x) \leqslant g(x)$，故 $\int_{E_1} \varphi(x)\,\mathrm{d}x \leqslant \int_{E_1} g(x)\,\mathrm{d}x$．因而

$$\int_{E_1} f(x)\,\mathrm{d}x \leqslant \int_{E_1} g(x)\,\mathrm{d}x \; .$$

由此可知 $\int_E f(x)\,\mathrm{d}x \leqslant \int_E g(x)\,\mathrm{d}x$．

这时，若 g 在 E 上 Lebesgue 可积，则 $\int_E g(x)\,\mathrm{d}x < +\infty$，故

$$\int_E f(x)\,\mathrm{d}x < +\infty .$$

因而 f 在 E 上 Lebesgue 可积.

（2）由（1）立即可得. ∎

定理 4.5 （Levi 定理）设 E 是 $\mathbb{R}^n$ 中的非空可测集，$\{f_k\}_{k=1}^{\infty}$ 为 E 上的一列非负可测函数，当 $x \in E$ 时对于任一正整数 k，有

$$f_k(x) \leqslant f_{k+1}(x) ,$$

令 $f(x) = \lim_{k \to \infty} f_k(x), x \in E$，则

$$\lim_{k \to \infty} \int_E f_k(x)\,\mathrm{d}x = \int_E f(x)\,\mathrm{d}x .$$

证明 显然 f 在 E 上非负可测且 $f(x) = \sup_{k \geqslant 1} f_k(x), x \in E$，故

$$\int_E f_k(x)\,\mathrm{d}x \leqslant \int_E f_{k+1}(x)\,\mathrm{d}x \leqslant \int_E f(x)\,\mathrm{d}x .$$

因而

$$\lim_{k \to \infty} \int_E f_k(x)\,\mathrm{d}x \leqslant \int_E f(x)\,\mathrm{d}x . \tag{4.1}$$

现证相反的不等式，任取 E 上的一个非负简单函数 φ 使得 $x \in E$ 时 $0 \leqslant \varphi(x) \leqslant f(x)$. 再任取 $0 < c < 1$，我们先证

$$\lim_{k \to \infty} \int_E f_k(x)\,\mathrm{d}x \geqslant c \int_E \varphi(x)\,\mathrm{d}x .$$

令 $E_k = \{x \in E : f_k(x) \geqslant c\varphi(x)\}$，则 E_k 是 E 的可测子集，$E_k \subseteq E_{k+1}$，$\bigcup_{k=1}^{\infty} E_k = E$（用反证法. 假设存在 $x_0 \in E$ 使得 $x_0 \notin \bigcup_{k=1}^{\infty} E_k$，从而对任意正整数 k 都有 $f_k(x_0) < c\varphi(x_0)$，于是 $f(x_0) = \sup_{k \geqslant 1} f_k(x_0) \leqslant c\varphi(x_0) < \varphi(x_0) \leqslant f(x_0)$，这是一个矛盾.）且

$$\int_E f_k(x)\,\mathrm{d}x \geqslant \int_{E_k} f_k(x)\,\mathrm{d}x \geqslant \int_{E_k} c\varphi(x)\,\mathrm{d}x = c \int_{E_k} \varphi(x)\,\mathrm{d}x .$$

由定理 4.1，$\lim_{k \to \infty} \int_{E_k} \varphi(x)\,\mathrm{d}x = \int_E \varphi(x)\,\mathrm{d}x$，故

$$\lim_{k\to\infty}\int_E f_k(x)\,\mathrm{d}x \geqslant c(\lim_{k\to\infty}\int_{E_k}\varphi(x)\,\mathrm{d}x) = c\int_E \varphi(x)\,\mathrm{d}x .$$

由于 $0 < c < 1$ 是任意的，所以

$$\lim_{k\to\infty}\int_E f_k(x)\,\mathrm{d}x \geqslant \int_E \varphi(x)\,\mathrm{d}x .$$

再由 φ 的任意性，可知

$$\lim_{k\to\infty}\int_E f_k(x)\,\mathrm{d}x \geqslant \int_E f(x)\,\mathrm{d}x . \qquad (4.2)$$

由（4.1）与（4.2）得 $\lim_{k\to\infty}\int_E f_k(x)\,\mathrm{d}x = \int_E f(x)\,\mathrm{d}x$. ∎

定理 4.6　设 E 是 $\mathbb{R}^n$ 中的非空可测集，f 和 g 都是 E 上的非负可测函数，α 和 β 都是非负实数，则

$$\int_E (\alpha f(x) + \beta g(x))\,dx = \alpha\int_E f(x)\,dx + \beta\int_E g(x)\,dx .$$

特别地

$$\int_E \alpha f(x)\,dx = \alpha\int_E f(x)\,dx ,$$

$$\int_E (f(x) + g(x))\,dx = \int_E f(x)\,dx + \int_E g(x)\,dx .$$

证明　由定理 3.6，在 E 上取两列非负简单函数 $\{\varphi_k\}_{k=1}^{\infty}$ 和 $\{\psi_k\}_{k=1}^{\infty}$，使得

（1）对任意的 $x \in E$ 和正整数 k，有

$$0 \leqslant \varphi_k(x) \leqslant \varphi_{k+1}(x), 0 \leqslant \psi_k(x) \leqslant \psi_{k+1}(x) .$$

（2）对任意的 $x \in E$，

$$\lim_{k\to\infty}\varphi_k(x) = f(x), \lim_{k\to\infty}\psi_k(x) = g(x) .$$

则

$$0 \leqslant \alpha\varphi_k(x) + \beta\psi_k(x) \leqslant \alpha\varphi_{k+1}(x) + \beta\psi_{k+1}(x) ,$$

且

$$\lim_{k\to\infty}(\alpha\varphi_k(x) + \beta\psi_k(x)) = \alpha f(x) + \beta g(x) .$$

由定理 4.5,

$$\lim_{k \to \infty} \int_E \varphi_k(x)\, \mathrm{d}x = \int_E f(x)\, \mathrm{d}x, \lim_{k \to \infty} \int_E \psi_k(x)\, \mathrm{d}x = \int_E g(x)\, \mathrm{d}x \ ,$$

且

$$\lim_{k \to \infty} \int_E (\alpha \varphi_k(x) + \beta \psi_k(x))\, \mathrm{d}x = \int_E (\alpha f(x) + \beta g(x))\, \mathrm{d}x \ .$$

由定理 4.2,

$$\int_E (\alpha \varphi_k(x) + \beta \psi_k(x))\, \mathrm{d}x = \alpha \int_E \varphi_k(x)\, \mathrm{d}x + \beta \int_E \psi_k(x)\, \mathrm{d}x \ ,$$

故

$$\lim_{k \to \infty} \int_E (\alpha \varphi_k(x) + \beta \psi_k(x))\, \mathrm{d}x = \alpha \int_E f(x)\, \mathrm{d}x + \beta \int_E g(x)\, \mathrm{d}x \ ,$$

因而

$$\int_E (\alpha f(x) + \beta g(x))\, \mathrm{d}x = \alpha \int_E f(x)\, \mathrm{d}x + \beta \int_E g(x)\, \mathrm{d}x \ . \blacksquare$$

推论 4.1　设 E 是 $\mathbb{R}^n$ 中的非空可测集, f 和 g 都是 E 上的非负 Lebesgue 可积函数, α 和 β 都是非负实数, 则 $\alpha f + \beta g$ 也在 E 上非负 Lebesgue 可积.

定理 4.7（逐项积分定理）设 E 是 $\mathbb{R}^n$ 中的非空可测集, $\{f_k\}_{k=1}^{\infty}$ 为 E 上的一列非负可测函数, 则

$$\int_E (\sum_{k=1}^{\infty} f_k(x))\, \mathrm{d}x = \sum_{k=1}^{\infty} \int_E f_k(x)\, \mathrm{d}x \ .$$

证明　令 $g_k(x) = \sum_{i=1}^{k} f_i(x)$, 令 $f(x) = \lim_{k \to \infty} g_k(x)$.

由定理 4.5 和定理 4.6,

$$\int_E (\sum_{k=1}^{\infty} f_k(x))\, \mathrm{d}x = \int_E f(x)\, \mathrm{d}x = \lim_{k \to \infty} \int_E g_k(x)\, \mathrm{d}x = \lim_{k \to \infty} \int_E (\sum_{i=1}^{k} f_i(x))\, \mathrm{d}x$$

$$= \lim_{k \to \infty} (\sum_{i=1}^{k} \int_E f_i(x)\, \mathrm{d}x) = \sum_{k=1}^{\infty} \int_E f_k(x)\, \mathrm{d}x \ . \blacksquare$$

定理 4.8（Fatou 引理）设 E 是 $\mathbb{R}^n$ 中的非空可测集, $\{f_k\}_{k=1}^{\infty}$ 为 E 上的

一列非负可测函数，则

$$\int_E \varliminf_{k\to\infty} f_k(x)\,\mathrm{d}x \leqslant \varliminf_{k\to\infty} \int_E f_k(x)\,\mathrm{d}x\ .$$

证明　令 $g_k(x)=\inf_{m\geqslant k} f_m(x), x\in E$. 则 $\{g_k\}_{k=1}^{\infty}$ 为 E 上的一列非负可测函数且 $x\in E$ 时

$$0\leqslant g_k(x)\leqslant g_{k+1}(x), g_k(x)\leqslant f_k(x)\ .$$

于是

$$\int_E \varliminf_{k\to\infty} f_k(x)\,\mathrm{d}x = \int_E \lim_{k\to\infty} g_k(x)\,\mathrm{d}x = \lim_{k\to\infty} \int_E g_k(x)\,\mathrm{d}x \leqslant \varliminf_{k\to\infty} \int_E f_k(x)\,\mathrm{d}x\ .\ \blacksquare$$

下面的例子说明不能把 Fatou 引理中的 "$\leqslant$" 改成 "$=$" .

例 2　令

$$f_k(x)=\begin{cases} k,\ 0<x<\dfrac{1}{k},\\[2mm] 0,\ \dfrac{1}{k}\leqslant x<+\infty, \end{cases}$$

则对任意 $x\in(0,+\infty)$ ，有 $\lim_{k\to\infty} f_k(x)=0$ ，故 $\int_{(0,+\infty)} \lim_{k\to\infty} f_k(x)\,\mathrm{d}x=0$ ，而对于任意的正整数 k ，

$$\int_{(0,+\infty)} f_k(x)\,\mathrm{d}x = k\cdot m\big((0,\tfrac{1}{k})\big) + 0\cdot m\big(\big[\tfrac{1}{k},+\infty\big)\big) = k\cdot\tfrac{1}{k} + 0\cdot(+\infty) = 1\ .$$

故 $\int_{(0,+\infty)} \lim_{k\to\infty} f_k(x)\,\mathrm{d}x < \varliminf_{k\to\infty} \int_{(0,+\infty)} f_k(x)\,\mathrm{d}x$.　$\blacksquare$

4.1.3　一般可测函数的 Lebesgue 积分

定义 4.4　设 E 是 $\mathbb{R}^n$ 中的非空可测集，f 是 E 上的可测函数 . 令

$$f^+(x)=\max\{f(x),0\}\ (x\in E),\ f^-(x)=\max\{-f(x),0\}\ (x\in E)\ .$$

则 f^+ 和 f^- 都是 E 上的非负可测函数，当 $x\in E$ 时

$$f(x) = f^+(x) - f^-(x), \ |f(x)| = f^+(x) + f^-(x).$$

若 $\int_E f^+(x)\,dx$ 和 $\int_E f^-(x)\,dx$ 中至少有一个有限，则称 f 在 E 上积分确定，称 $\int_E f^+(x)\,dx - \int_E f^-(x)\,dx$ 为 f 在 E 上的 Lebesgue 积分，记作 $\int_E f(x)\,dx$.

一般情况下，若 f 在 E 上积分确定，则 $-\infty \leqslant \int_E f(x)\,dx \leqslant +\infty$.

若 $\int_E f^+(x)\,dx$ 和 $\int_E f^-(x)\,dx$ 都有限，则称 f 在 E 上 Lebesgue 可积.

非空可测集 E 上 Lebesgue 可积函数的全体记为 $L(E)$.

设 $A \subseteq E$ 为可测集，若 $\int_A f^+(x)\,dx$ 和 $\int_A f^-(x)\,dx$ 中至少有一个有限，则称 f 在 A 上积分确定，称 $\int_A f^+(x)\,dx - \int_A f^-(x)\,dx$ 为 f 在 A 上的 Lebesgue 积分，记作 $\int_A f(x)\,dx$.

定理 4.9 设 E 是 $\mathbb{R}^n$ 中的非空可测集，我们有

（1）若 $m(E) = 0$，则 E 上的任何广义实值函数 f 都在 E 上 Lebesgue 可积且 $\int_E f(x)\,dx = 0$.

（2）若 $f \in L(E)$，则 $m(\{x \in E : |f(x)| = +\infty\}) = 0$，即

$$|f(x)| < +\infty \ \text{a. e.} \ x \in E.$$

（3）设 f 在 E 上积分确定，则 f 在 E 的任一可测子集 A 上也积分确定，又若 $E = A \cup B$，这里 A 和 B 都是 E 的可测子集且 $A \cap B = \varnothing$，则

$$\int_E f(x)\,dx = \int_A f(x)\,dx + \int_B f(x)\,dx.$$

（4）设 f 在 E 上积分确定，A 是 E 的可测子集，则

$$\int_A f(x)\,dx = \int_E f(x) \cdot \chi_A(x)\,dx.$$

（5）设 f 在 E 上积分确定且 $f(x) = g(x)$ a. e. $x \in E$，则 g 也在 E 上积分确定且 $\int_E f(x)\,dx = \int_E g(x)\,dx$.

（6）设 f 和 g 都在 E 上积分确定且 $f(x) \leqslant g(x)$ a. e. $x \in E$，则

$$\int_E f(x)\,\mathrm{d}x \leqslant \int_E g(x)\,\mathrm{d}x .$$

特别地，若 $m(E) < +\infty$ 且 $b \leqslant f(x) \leqslant B$ a. e. $x \in E$，则

$$b \cdot m(E) \leqslant \int_E f(x)\,\mathrm{d}x \leqslant B \cdot m(E) .$$

（7）设 f 是 E 上的可测函数，则 $f \in L(E)$ 当且仅当 $|f| \in L(E)$．

（8）若 $f \in L(E)$，则 $\left| \int_E f(x)\,\mathrm{d}x \right| \leqslant \int_E |f(x)|\,\mathrm{d}x$．

（9）设 f 是 E 上的可测函数，g 是 E 上的非负 Lebesgue 可积函数且 $|f(x)| \leqslant g(x)$ a. e. $x \in E$，则 f 也在 E 上 Lebesgue 可积且

$$\left| \int_E f(x)\,\mathrm{d}x \right| \leqslant \int_E |f(x)|\,\mathrm{d}x \leqslant \int_E g(x)\,\mathrm{d}x .$$

证明　（1）由于 $m(E) = 0$，故 E 上的任何广义实值函数 f 都在 E 上可测（见习题 3.1 第 1 题）．由定理 4.3，

$$\int_E f^+(x)\,\mathrm{d}x = 0, \int_E f^-(x)\,\mathrm{d}x = 0 ,$$

所以 f 在 E 上 Lebesgue 可积且 $\int_E f(x)\,\mathrm{d}x = 0$．

（2）由于 $f \in L(E)$，故 $0 \leqslant \int_E f^+(x)\,\mathrm{d}x < +\infty$ 且 $0 \leqslant \int_E f^-(x)\,\mathrm{d}x < +\infty$．由定理 4.3，$0 \leqslant f^+(x) < +\infty$ a. e. $x \in E$ 且 $0 \leqslant f^-(x) < +\infty$ a. e. $x \in E$，因而

$$|f(x)| = f^+(x) + f^-(x) < +\infty \text{ a. e. } x \in E ,$$

即 $m(\{x \in E : |f(x)| = +\infty\}) = 0$．

（3）由于 f 在 E 上积分确定，故

$$0 \leqslant \int_E f^+(x)\,\mathrm{d}x < +\infty \text{ 或 } 0 \leqslant \int_E f^-(x)\,\mathrm{d}x < +\infty .$$

设 A 是 E 的任一可测子集．若 $0 \leqslant \int_E f^+(x)\,\mathrm{d}x < +\infty$，则

$$0 \leqslant \int_A f^+(x)\,\mathrm{d}x \leqslant \int_E f^+(x)\,\mathrm{d}x < +\infty .$$

若 $0 \leqslant \int_E f^-(x)\,\mathrm{d}x < +\infty$，则

$$0 \leqslant \int_A f^-(x)\,\mathrm{d}x \leqslant \int_E f^-(x)\,\mathrm{d}x < +\infty\,.$$

这表明

$$0 \leqslant \int_A f^+(x)\,\mathrm{d}x < +\infty \text{ 或 } 0 \leqslant \int_A f^-(x)\,\mathrm{d}x < +\infty\,,$$

因而 f 在 A 上也积分确定.

又若 $E = A \cup B$，这里 A 和 B 都是 E 的可测子集且 $A \cap B = \varnothing$. 由定理 4.3 和本节定义 4.4，可推得

$$\begin{aligned}
\int_E f(x)\,\mathrm{d}x &= \int_E f^+(x)\,\mathrm{d}x - \int_E f^-(x)\,\mathrm{d}x \\
&= \left(\int_A f^+(x)\,\mathrm{d}x + \int_B f^+(x)\,\mathrm{d}x\right) - \left(\int_A f^-(x)\,\mathrm{d}x + \int_B f^-(x)\,\mathrm{d}x\right) \\
&= \left(\int_A f^+(x)\,\mathrm{d}x - \int_A f^-(x)\,\mathrm{d}x\right) + \left(\int_B f^+(x)\,\mathrm{d}x - \int_B f^-(x)\,\mathrm{d}x\right) \\
&= \int_A f(x)\,\mathrm{d}x + \int_B f(x)\,\mathrm{d}x.
\end{aligned}$$

（4）由（3）知 f 在 A 上也积分确定，再由定理 4.3 和本节定义 4.4 可推得

$$\begin{aligned}
\int_A f(x)\,\mathrm{d}x &= \int_A f^+(x)\,\mathrm{d}x - \int_A f^-(x)\,\mathrm{d}x \\
&= \int_E f^+(x) \cdot \chi_A(x)\,\mathrm{d}x - \int_E f^-(x) \cdot \chi_A(x)\,\mathrm{d}x \\
&= \int_E f(x) \cdot \chi_A(x)\,\mathrm{d}x.
\end{aligned}$$

（5）由 3.2 节例 3 知 g 在 E 上也可测. 由于 f 在 E 上积分确定，故 $\int_E f^+(x)\,\mathrm{d}x$ 和 $\int_E f^-(x)\,\mathrm{d}x$ 中至少有一个有限. 由于

$$f(x) = g(x) \text{ a. e. } x \in E\,,$$

故 $f^+(x) = g^+(x)$ a. e. $x \in E$ 且 $f^-(x) = g^-(x)$ a. e. $x \in E$. 由定理 4.4，

$$\int_E f^+(x)\,\mathrm{d}x = \int_E g^+(x)\,\mathrm{d}x \text{ 且 } \int_E f^-(x)\,\mathrm{d}x = \int_E g^-(x)\,\mathrm{d}x\,,$$

所以 $\int_E g^+(x)\,\mathrm{d}x$ 和 $\int_E g^-(x)\,\mathrm{d}x$ 中至少有一个有限，因而 g 在 E 上积分确定且

$$\int_E f(x)\,\mathrm{d}x = \int_E f^+(x)\,\mathrm{d}x - \int_E f^-(x)\,\mathrm{d}x = \int_E g^+(x)\,\mathrm{d}x - \int_E g^-(x)\,\mathrm{d}x = \int_E g(x)\,\mathrm{d}x\,.$$

（6）由于 $f(x) \leqslant g(x)$ a. e. $x \in E$，故

$$f^+(x) \leqslant g^+(x) \text{ a. e. } x \in E \text{ 且 } f^-(x) \geqslant g^-(x) \text{ a. e. } x \in E.$$

又由于 f 和 g 都在 E 上积分确定，故

$$\int_E f(x)\,\mathrm{d}x = \int_E f^+(x)\,\mathrm{d}x - \int_E f^-(x)\,\mathrm{d}x \leqslant \int_E g^+(x)\,\mathrm{d}x - \int_E g^-(x)\,\mathrm{d}x = \int_E g(x)\,\mathrm{d}x.$$

特别地，若 $m(E) < +\infty$ 且 $b \leqslant f(x) \leqslant B$ a. e. $x \in E$，此时 f 以及常值函数 b 和 B 都在 E 上 Lebesgue 可积，并且

$$f^+(x) \leqslant \max\{B, 0\} = B^+ \text{ a. e. } x \in E,$$

$$f^-(x) \leqslant \max\{-b, 0\} = b^- \text{ a. e. } x \in E.$$

$$\int_E f^+(x)\,\mathrm{d}x \leqslant \int_E B^+\,\mathrm{d}x = B^+ \cdot m(E) < +\infty,$$

$$\int_E f^-(x)\,\mathrm{d}x \leqslant \int_E b^-\,\mathrm{d}x = b^- \cdot m(E) < +\infty.$$

$$\int_E B\,\mathrm{d}x = \int_E B^+\,\mathrm{d}x - \int_E B^-\,\mathrm{d}x = B^+ \cdot m(E) - B^- \cdot m(E) = B \cdot m(E) \in \mathbb{R},$$

$$\int_E b\,\mathrm{d}x = \int_E b^+\,\mathrm{d}x - \int_E b^-\,\mathrm{d}x = b^+ \cdot m(E) - b^- \cdot m(E) = b \cdot m(E) \in \mathbb{R}.$$

故

$$b \cdot m(E) = \int_E b\,\mathrm{d}x \leqslant \int_E f(x)\,\mathrm{d}x \leqslant \int_E B\,\mathrm{d}x = B \cdot m(E).$$

（7）若 $f \in L(E)$，则 $\int_E f^+(x)\,\mathrm{d}x$ 和 $\int_E f^-(x)\,\mathrm{d}x$ 都有限．由定理 4.6，

$$\int_E |f|(x)\,\mathrm{d}x = \int_E |f(x)|\,\mathrm{d}x = \int_E (f^+(x) + f^-(x))\,\mathrm{d}x$$

$$= \int_E f^+(x)\,\mathrm{d}x + \int_E f^-(x)\,\mathrm{d}x < +\infty,$$

因而 $|f| \in L(E)$．

若 $|f| \in L(E)$，则 $\int_E |f(x)|\,\mathrm{d}x < +\infty$．由定理 4.6，

$$\int_E |f(x)|\,\mathrm{d}x = \int_E (f^+(x) + f^-(x))\,\mathrm{d}x = \int_E f^+(x)\,\mathrm{d}x + \int_E f^-(x)\,\mathrm{d}x,$$

所以 $\int_E f^+(x)\,\mathrm{d}x$ 和 $\int_E f^-(x)\,\mathrm{d}x$ 都有限，因而 $f \in L(E)$．

（8）若 $f \in L(E)$，由（7）知 $|f| \in L(E)$，从而

$$\left|\int_E f(x)\,\mathrm{d}x\right| = \left|\int_E f^+(x)\,\mathrm{d}x - \int_E f^-(x)\,\mathrm{d}x\right| \leqslant \int_E f^+(x)\,\mathrm{d}x + \int_E f^-(x)\,\mathrm{d}x = \int_E |f(x)|\,\mathrm{d}x .$$

（9）由定理 4.4，$\int_E |f(x)|\,\mathrm{d}x \leqslant \int_E g(x)\,\mathrm{d}x < +\infty$，所以 $|f| \in L(E)$．再由（7）知 $f \in L(E)$．最后由（8）和定理 4.4，

$$\left|\int_E f(x)\,\mathrm{d}x\right| \leqslant \int_E |f(x)|\,\mathrm{d}x \leqslant \int_E g(x)\,\mathrm{d}x . \blacksquare$$

例 3 设 E 是 $\mathbb{R}^n$ 中的非空可测集，$m(E) < +\infty$，f 是 E 上的有界可测函数，$c \leqslant f(x) < d$ $(x \in E)$．对每个正整数 k，设

$$c = y_0 < y_1 < y_2 < \cdots < y_{k-1} < y_k = d$$

是区间 $[c,d]$ 的一个分割．令 $\lambda = \max\{y_1 - y_0, y_2 - y_1, \cdots, y_k - y_{k-1}\}$．则

$$\lim_{\lambda \to 0} \sum_{i=1}^k y_{i-1} \cdot m(\{x \in E : y_{i-1} \leqslant f(x) < y_i\}) = \int_E f(x)\,\mathrm{d}x . \tag{4.3}$$

证明 根据定理 4.9，f 在 E 上 Lebesgue 可积．令

$$E_i = \{x \in E : y_{i-1} \leqslant f(x) < y_i\} \ (i = 1, 2, \cdots, k) .$$

则 $E_1, E_2, \cdots, E_k$ 互不相交，并且 $E = \bigcup_{i=1}^k E_i$．由定理 4.9，

$$\sum_{i=1}^k y_{i-1} \cdot m(E_i) = \sum_{i=1}^k \int_{E_i} y_{i-1}\,\mathrm{d}x \leqslant \sum_{i=1}^k \int_{E_i} f(x)\,\mathrm{d}x = \int_E f(x)\,\mathrm{d}x .$$

类似可以得到 $\int_E f(x)\,\mathrm{d}x \leqslant \sum_{i=1}^k y_i \cdot m(E_i)$．既然 $m(E) < +\infty$，当 $\lambda \to 0$ 时，我们有

$$0 \leqslant \int_E f(x)\,\mathrm{d}x - \sum_{i=1}^k y_{i-1} \cdot m(E_i) \leqslant \sum_{i=1}^k y_i \cdot m(E_i) - \sum_{i=1}^k y_{i-1} \cdot m(E_i)$$

$$= \sum_{i=1}^k (y_i - y_{i-1}) \cdot m(E_i) \leqslant \lambda \cdot m(E) \to 0.$$

这就证明了式（4.3）成立．$\blacksquare$

例 3 的结果与 Riemann 积分的定义形成对照．Lebesgue 当初正是用（4.3）

式定义新的积分（参见引言）. 例 3 的结果表明，我们在本节中定义的积分与 Lebesgue 用他的方式定义的积分是等价的.

定理 4.10 设 E 是 $\mathbb{R}^n$ 中的非空可测集，f 和 g 都是 E 上的 Lebesgue 可积函数，则

（1）对于任意的 $\lambda \in \mathbb{R}$，λf 在 E 上 Lebesgue 可积且

$$\int_E (\lambda f)(x)\, dx = \lambda \int_E f(x)\, dx .$$

（2）$f + g$ 在 E 上 Lebesgue 可积且

$$\int_E (f + g)(x)\, dx = \int_E f(x)\, dx + \int_E g(x)\, dx .$$

（3）对于任意的 $\alpha, \beta \in \mathbb{R}$，$\alpha f + \beta g$ 在 E 上 Lebesgue 可积，且

$$\int_E (\alpha f + \beta g)(x)\, dx = \alpha \int_E f(x)\, dx + \beta \int_E g(x)\, dx .$$

证明 （1）分三种情况讨论.

若 $\lambda = 0$，则结论显然成立.

若 $\lambda > 0$，则 $(\lambda f)^+ = \lambda f^+, (\lambda f)^- = \lambda f^-$（见习题 3.1 第 12 题）. 由于 f 在 E 上 Lebesgue 可积，由定理 4.6 和本节定义 4.4，

$$0 \leqslant \int_E (\lambda f)^+(x)\, dx = \int_E \lambda \cdot f^+(x)\, dx = \lambda \cdot \int_E f^+(x)\, dx < +\infty ,$$

$$0 \leqslant \int_E (\lambda f)^-(x)\, dx = \int_E \lambda \cdot f^-(x)\, dx = \lambda \cdot \int_E f^-(x)\, dx < +\infty .$$

故 λf 在 E 上 Lebesgue 可积，且

$$\int_E (\lambda f)(x)\, dx = \int_E (\lambda f)^+(x)\, dx - \int_E (\lambda f)^-(x)\, dx$$
$$= \lambda \cdot \int_E f^+(x)\, dx - \lambda \cdot \int_E f^-(x)\, dx$$
$$= \lambda \left(\int_E f^+(x)\, dx - \int_E f^-(x)\, dx \right)$$
$$= \lambda \int_E f(x)\, dx.$$

若 $\lambda < 0$，则 $(\lambda f)^+ = |\lambda| f^-, (\lambda f)^- = |\lambda| f^+$（见习题 3.1 第 12 题）. 由于

f 在 E 上 Lebesgue 可积，由定理 4.6 和本节定义 4.4,

$$0 \leqslant \int_E (\lambda f)^+(x)\,\mathrm{d}x = \int_E |\lambda| \cdot f^-(x)\,\mathrm{d}x = |\lambda| \cdot \int_E f^-(x)\,\mathrm{d}x < +\infty ,$$

$$0 \leqslant \int_E (\lambda f)^-(x)\,\mathrm{d}x = \int_E |\lambda| \cdot f^+(x)\,\mathrm{d}x = |\lambda| \cdot \int_E f^+(x)\,\mathrm{d}x < +\infty .$$

因而 λf 在 E 上 Lebesgue 可积，且

$$\begin{aligned}
\int_E (\lambda f)(x)\,\mathrm{d}x &= \int_E (\lambda f)^+(x)\,\mathrm{d}x - \int_E (\lambda f)^-(x)\,\mathrm{d}x \\
&= |\lambda| \cdot \int_E f^-(x)\,\mathrm{d}x - |\lambda| \cdot \int_E f^+(x)\,\mathrm{d}x \\
&= |\lambda|(\int_E f^-(x)\,\mathrm{d}x - \int_E f^+(x)\,\mathrm{d}x) \\
&= \lambda(\int_E f^+(x)\,\mathrm{d}x - \int_E f^-(x)\,\mathrm{d}x) \\
&= \lambda \int_E f(x)\,\mathrm{d}x.
\end{aligned}$$

（2）由于 f 和 g 都在 E 上 Lebesgue 可积，故 f^+, f^-, g^+, g^- 都在 E 上非负 Lebesgue 可积．由推论 4.1 知 $f^+ + g^+$ 和 $f^- + g^-$ 都在 E 上非负 Lebesgue 可积．令

$$E_\infty = \{x \in E : f(x) = +\infty, g(x) = -\infty\} \bigcup \{x \in E : f(x) = -\infty, g(x) = +\infty\} .$$

当 $x \in E \setminus E_\infty$ 时，

$$\begin{aligned}
0 \leqslant (f+g)^+(x) &= \max\{(f+g)(x), 0\} = \max\{f(x) + g(x), 0\} \\
&\leqslant \max\{f^+(x) + g^+(x), 0\} = f^+(x) + g^+(x),
\end{aligned}$$

$$\begin{aligned}
0 \leqslant (f+g)^-(x) &= \max\{-(f+g)(x), 0\} = \max\{-f(x) - g(x), 0\} \\
&\leqslant \max\{f^-(x) + g^-(x), 0\} = f^-(x) + g^-(x).
\end{aligned}$$

当 $x \in E_\infty$ 时，

$$(f+g)^+(x) = \max\{(f+g)(x), 0\} = \max\{0, 0\} = 0 \leqslant f^+(x) + g^+(x),$$

$$(f+g)^-(x) = \max\{-(f+g)(x), 0\} = \max\{0, 0\} = 0 \leqslant f^-(x) + g^-(x).$$

综上知，当 $x \in E$ 时，

$$0 \leqslant (f+g)^+(x) \leqslant f^+(x) + g^+(x),$$

$$0 \leqslant (f + g)^-(x) \leqslant f^-(x) + g^-(x).$$

由定理 4.4，$(f + g)^+$ 和 $(f + g)^-$ 都在 E 上非负 Lebesgue 可积，因而 $f + g$ 在 E 上 Lebesgue 可积.

由于

$$f = f^+ - f^-, g = g^+ - g^-, f + g = (f + g)^+ - (f + g)^-,$$

故

$$(f + g)^+ - (f + g)^- = (f^+ - f^-) + (g^+ - g^-),$$

所以

$$(f + g)^+ + f^- + g^- = (f + g)^- + f^+ + g^+.$$

由定理 4.6，

$$\int_E (f + g)^+(x)\,dx + \int_E f^-(x)\,dx + \int_E g^-(x)\,dx$$
$$= \int_E (f + g)^-(x)\,dx + \int_E f^+(x)\,dx + \int_E g^+(x)\,dx,$$

所以

$$\int_E (f + g)^+(x)\,dx - \int_E (f + g)^-(x)\,dx$$
$$= \int_E f^+(x)\,dx - \int_E f^-(x)\,dx + \int_E g^+(x)\,dx - \int_E g^-(x)\,dx,$$

即

$$\int_E (f + g)(x)\,dx = \int_E f(x)\,dx + \int_E g(x)\,dx.$$

（3）由（1）和（2）即得. ∎

定理 4.11　（积分的绝对连续性）设 E 是 $\mathbb{R}^n$ 中的非空可测集，$f \in L(E)$，则对于任意的正数 ε，存在正数 δ，使得对于任意的可测集 $A \subseteq E$，只要 $m(A) < \delta$，就有

$$\left| \int_A f(x)\,dx \right| \leqslant \int_A |f(x)|\,dx < \varepsilon.$$

证明　由于 $f \in L(E)$，故 $|f| \in L(E)$，由定义 4.3，对于任意的正数 ε，

存在 E 上的非负简单函数 φ，使得当 $x \in E$ 时，$0 \leqslant \varphi(x) \leqslant |f(x)|$，且

$$\int_E |f(x)|\,\mathrm{d}x - \frac{\varepsilon}{2} < \int_E \varphi(x)\,\mathrm{d}x \leqslant \int_E |f(x)|\,\mathrm{d}x .$$

令 $M = 1 + \max\{\varphi(x) : x \in E\}$，$\delta = \dfrac{\varepsilon}{2M}$，则对于任意的可测集 $A \subseteq E$，只要 $m(A) < \delta$，就有

$$\left| \int_A f(x)\,\mathrm{d}x \right| \leqslant \int_A |f(x)|\,\mathrm{d}x = \int_A (|f(x)| - \varphi(x))\,\mathrm{d}x + \int_A \varphi(x)\,\mathrm{d}x$$

$$\leqslant \int_A (|f(x)| - \varphi(x))\,\mathrm{d}x + m(A) \cdot \max\{\varphi(x) : x \in E\}$$

$$= \int_A |f(x)|\,\mathrm{d}x - \int_A \varphi(x)\,\mathrm{d}x + m(A) \cdot \max\{\varphi(x) : x \in E\}$$

$$< \frac{\varepsilon}{2} + m(A) \cdot \max\{\varphi(x) : x \in E\}$$

$$\leqslant \frac{\varepsilon}{2} + \delta \cdot \max\{\varphi(x) : x \in E\}$$

$$< \frac{\varepsilon}{2} + \frac{\varepsilon}{2} = \varepsilon . \blacksquare$$

定理 4.12 （积分的可数可加性）设 E 是 $\mathbb{R}^n$ 中的非空可测集，$E = \bigcup\limits_{k=1}^{\infty} E_k$，这里每个 E_k 都是可测集且当 $i \neq j$ 时 $E_i \bigcap E_j = \varnothing$，设 f 在 E 上积分确定，则

$$\int_E f(x)\,\mathrm{d}x = \sum_{k=1}^{\infty} \int_{E_k} f(x)\,\mathrm{d}x .$$

证明 对于任意的正整数 k，令 $f_k = f^+ \cdot \chi_{E_k}$，则每个 f_k 在 E 上非负可测且 $x \in E$ 时 $f^+(x) = \sum\limits_{k=1}^{\infty} f_k(x)$，由定理 4.7，

$$\int_E f^+(x)\,\mathrm{d}x = \int_E (\sum_{k=1}^{\infty} f_k(x))\,\mathrm{d}x = \sum_{k=1}^{\infty} \int_E f_k(x)\,\mathrm{d}x$$

$$= \sum_{k=1}^{\infty} \int_E f^+(x) \chi_{E_k}(x)\,\mathrm{d}x = \sum_{k=1}^{\infty} \int_{E_k} f^+(x)\,\mathrm{d}x.$$

同理，$\int_E f^-(x)\,\mathrm{d}x = \sum\limits_{k=1}^{\infty} \int_{E_k} f^-(x)\,\mathrm{d}x$。

由于 f 在 E 上积分确定，所以两个正项级数

$$\sum_{k=1}^{\infty}\int_{E_k}f^+(x)\,\mathrm{d}x \text{ 和 } \sum_{k=1}^{\infty}\int_{E_k}f^-(x)\,\mathrm{d}x$$

中至少有一个收敛，因而

$$\int_E f(x)\,\mathrm{d}x = \int_E f^+(x)\,\mathrm{d}x - \int_E f^-(x)\,\mathrm{d}x$$

$$= (\sum_{k=1}^{\infty}\int_{E_k}f^+(x)\,\mathrm{d}x) - (\sum_{k=1}^{\infty}\int_{E_k}f^-(x)\,\mathrm{d}x)$$

$$= \sum_{k=1}^{\infty}(\int_{E_k}f^+(x)\,\mathrm{d}x - \int_{E_k}f^-(x)\,\mathrm{d}x)$$

$$= \sum_{k=1}^{\infty}\int_{E_k}f(x)\,\mathrm{d}x \ .\ \blacksquare$$

定理 4.13　（Lebesgue 控制收敛定理）设 E 是 $\mathbb{R}^n$ 中的非空可测集，f 和 $f_k\,(k\geqslant 1)$ 都是 E 上的可测函数，并且存在 E 上的非负 Lebesgue 可积函数 g，使得对于任意的正整数 k，

$$|f_k(x)|\leqslant g(x) \text{ a. e. } x\in E \ .$$

若 $f_k(x)\to f(x)$ a. e. $x\in E$，则

（1）f 和 $f_k\,(k=1,2,3,\cdots)$ 都在 E 上 Lebesgue 可积.

（2）$\lim\limits_{k\to\infty}\int_E|(f_k-f)(x)|\,\mathrm{d}x = 0$.

（3）$\lim\limits_{k\to\infty}\int_E f_k(x)\,\mathrm{d}x = \int_E f(x)\,\mathrm{d}x$.

证明　（1）由于 g 在 E 上非负 Lebesgue 可积并且对于每个正整数 k，

$$|f_k(x)|\leqslant g(x) \text{ a. e. } x\in E \ ,$$

依定理 4.4 知 $|f_k|$ 在 E 上非负 Lebesgue 可积. 再由定理 4.9，f_k 在 E 上 Lebesgue 可积. 接下来我们证明 f 在 E 上 Lebesgue 可积.

由于 g 在 E 上非负 Lebesgue 可积，依定理 4.3 知

$$0\leqslant g(x)<+\infty \text{ a. e. } x\in E \ .$$

从而存在 E 的一个零测度子集 Z_1 使得当 $x\in E\setminus Z_1$ 时，$0\leqslant g(x)<+\infty$.

对于每个正整数 k，$|f_k(x)| \leqslant g(x)$ a. e. $x \in E$，从而存在 E 的一个零测度子集 E_k 使得当 $x \in E \setminus E_k$ 时，$|f_k(x)| \leqslant g(x)$．由于

$$f_k(x) \rightarrow f(x) \text{ a. e. } x \in E，$$

从而存在 E 的一个零测度子集 Z_2 使得当 $x \in E \setminus Z_2$ 时，$\lim\limits_{k \to \infty} f_k(x) = f(x)$．

令 $Z = Z_1 \cup Z_2 \cup (\bigcup\limits_{k=1}^{\infty} E_k)$，于是 $Z \subseteq E, m(Z) = 0$ 并且满足

① 当 $x \in E \setminus Z$ 时，$0 \leqslant g(x) < +\infty$；

② 当 $x \in E \setminus Z$ 时，$\lim\limits_{k \to \infty} f_k(x) = f(x)$；

③ 对于每个正整数 k，当 $x \in E \setminus Z$ 时，$|f_k(x)| \leqslant g(x)$．

于是当 $x \in E \setminus Z$ 时，$|f(x)| \leqslant g(x)$，这表明 $|f(x)| \leqslant g(x)$ a. e. $x \in E$．由定理 4.4，$|f|$ 在 E 上非负 Lebesgue 可积．再由定理 4.9，f 在 E 上 Lebesgue 可积．

（2）由（1）的证明过程，存在 E 的一个零测度子集 Z 满足

① 当 $x \in E \setminus Z$ 时，$0 \leqslant g(x) < +\infty$；

② 当 $x \in E \setminus Z$ 时，$\lim\limits_{k \to \infty} f_k(x) = f(x)$；

③ 对于每个正整数 k，当 $x \in E \setminus Z$ 时，$|f_k(x)| \leqslant g(x)$；

④ 当 $x \in E \setminus Z$ 时，$|f(x)| \leqslant g(x)$．

由定理 4.3,

$$\int_E |(f_k - f)(x)| \, \mathrm{d}x = \int_{E \setminus Z} |(f_k - f)(x)| \, \mathrm{d}x = \int_{E \setminus Z} |f_k(x) - f(x)| \, \mathrm{d}x．$$

接下来我们证明

$$\lim\limits_{k \to \infty} \int_{E \setminus Z} |f_k(x) - f(x)| \, \mathrm{d}x = 0．$$

令 $g_k(x) = |f_k(x) - f(x)| \, (x \in E \setminus Z)$，则 g_k 在 $E \setminus Z$ 上非负 Lebesgue 可积，$g_k(x) \leqslant 2g(x) \, (x \in E \setminus Z)$ 且 $\lim\limits_{k \to \infty} g_k(x) = 0 \, (x \in E \setminus Z)$．

因而 $2g(x) - g_k(x) \geqslant 0\ (x \in E \setminus Z)$ 且 $\lim\limits_{k \to \infty}(2g(x) - g_k(x)) = 2g(x)\ (x \in E \setminus Z)$.

由 Fatou 引理（定理 4.8），

$$2\int_{E \setminus Z} g(x)\,\mathrm{d}x = \int_{E \setminus Z} 2g(x)\,\mathrm{d}x$$

$$= \int_{E \setminus Z} \lim_{k \to \infty}(2g(x) - g_k(x))\,\mathrm{d}x$$

$$\leqslant \varliminf_{k \to \infty} \int_{E \setminus Z}(2g(x) - g_k(x))\,\mathrm{d}x$$

$$= \varliminf_{k \to \infty}\Big(2\int_{E \setminus Z} g(x)\,\mathrm{d}x - \int_{E \setminus Z} g_k(x)\,\mathrm{d}x\Big)$$

$$= 2\int_{E \setminus Z} g(x)\,\mathrm{d}x - \varlimsup_{k \to \infty} \int_{E \setminus Z} g_k(x)\,\mathrm{d}x.$$

所以 $\varlimsup\limits_{k \to \infty} \int_{E \setminus Z} g_k(x)\,\mathrm{d}x \leqslant 0$. 由于 $\int_{E \setminus Z} g_k(x)\,\mathrm{d}x \geqslant 0$，故

$$\lim_{k \to \infty} \int_{E \setminus Z} g_k(x)\,\mathrm{d}x = 0 ,$$

即

$$\lim_{k \to \infty} \int_{E \setminus Z} \big|f_k(x) - f(x)\big|\,\mathrm{d}x = 0 .$$

（3）由定理 4.9 和 4.10，

$$\left|\int_E f_k(x)\,\mathrm{d}x - \int_E f(x)\,\mathrm{d}x\right| = \left|\int_E (f_k - f)(x)\,\mathrm{d}x\right| \leqslant \int_E \big|(f_k - f)(x)\big|\,\mathrm{d}x .$$

由（2）知，

$$\lim_{k \to \infty} \int_E \big|(f_k - f)(x)\big|\,\mathrm{d}x = 0 .$$

从而

$$\lim_{k \to \infty} \int_E f_k(x)\,\mathrm{d}x = \int_E f(x)\,\mathrm{d}x . \quad \blacksquare$$

定理 4.14 设 E 是 $\mathbb{R}^n$ 中的非空可测集，f 和 $f_k\ (k \geqslant 1)$ 都是 E 上的可测函数，并且存在 E 上的非负 Lebesgue 可积函数 g，使得对于任意的正整数 k，

$$\big|f_k(x)\big| \leqslant g(x) \ \mathrm{a.\,e.}\ x \in E .$$

若 $\{f_k\}$ 在 E 上依测度收敛于 f，则

（1）f 和 f_k $(k = 1, 2, 3, \cdots)$ 都在 E 上 Lebesgue 可积.

（2）$\lim\limits_{k \to \infty} \int_E \left|(f_k - f)(x)\right| \mathrm{d}x = 0$.

（3）$\lim\limits_{k \to \infty} \int_E f_k(x)\, \mathrm{d}x = \int_E f(x)\, \mathrm{d}x$.

证明 （1）由定理 4.4，$|f_k|$ 在 E 上非负 Lebesgue 可积. 再由定理 4.9，f_k 在 E 上 Lebesgue 可积. 由 Riesz 定理（定理 3.12），存在 $\{f_k\}$ 的子列 $\{f_{k_j}\}$，使得 $\{f_{k_j}\}$ 在 E 上几乎处处收敛于 f. 再由定理 4.13，f 在 E 上 Lebesgue 可积.

（2）用反证法. 若（2）不成立，则存在正数 ε 和 $\{f_k\}$ 的一个子列 $\{f_{k_j}\}$ 使得

$$\int_E \left|(f_{k_j} - f)(x)\right| \mathrm{d}x \geqslant \varepsilon \ (j \geqslant 1) . \tag{4.4}$$

由 Riesz 定理（定理 3.12），存在 $\{f_{k_j}\}$ 的子列 $\{f_{k_{j_i}}\}$，使得 $\{f_{k_{j_i}}\}$ 在 E 上几乎处处收敛于 f. 由定理 4.13，

$$\lim\limits_{i \to \infty} \int_E \left|(f_{k_{j_i}} - f)(x)\right| \mathrm{d}x = 0 .$$

但这与式（4.4）矛盾. 这表明（2）成立.

（3）由定理 4.9 和 4.10，

$$\left|\int_E f_k(x)\, \mathrm{d}x - \int_E f(x)\, \mathrm{d}x\right| = \left|\int_E (f_k - f)(x)\, \mathrm{d}x\right| \leqslant \int_E \left|(f_k - f)(x)\right| \mathrm{d}x .$$

由（2）知，

$$\lim\limits_{k \to \infty} \int_E \left|(f_k - f)(x)\right| \mathrm{d}x = 0 .$$

从而

$$\lim\limits_{k \to \infty} \int_E f_k(x)\, \mathrm{d}x = \int_E f(x)\, \mathrm{d}x . \ \blacksquare$$

推论 4.2 设 E 是 $\mathbb{R}^n$ 中的非空可测集，$m(E) < +\infty$. f 和 f_k $(k \geqslant 1)$

都是 E 上的可测函数，并且存在正常数 M 使得对于任意的正整数 k，

$|f_k(x)| \leqslant M$　a. e. $x \in E$．若 $f_k(x) \to f(x)$ a. e. $x \in E$ 或者 $\{f_k\}$ 在 E 上依测度

收敛于 f，则

（1）f 和 f_k $(k = 1, 2, 3, \cdots)$ 都在 E 上 Lebesgue 可积．

（2）$\lim\limits_{k \to \infty} \int_E |(f_k - f)(x)| \, \mathrm{d}x = 0$．

（3）$\lim\limits_{k \to \infty} \int_E f_k(x) \, \mathrm{d}x = \int_E f(x) \, \mathrm{d}x$．

证明　取 $g(x) \equiv M$ $(x \in E)$，由于 $m(E) < +\infty$，从而 g 在 E 上非负

Lebesgue 可积．由定理 4.13 和 4.14 即知推论成立．■

习题 4.1

设以下各题中出现的 E 是 $\mathbb{R}^n$ 中的非空可测集．

1. 设 $A_1, A_2, \cdots, A_k$ 是 $[0,1]$ 中的 k 个可测集．证明若每个 $x \in [0,1]$ 至少属

于这 k 个集合中的 q 个，则必存在某个 A_i，使得 $m(A_i) \geqslant \dfrac{q}{k}$．（提示：题设

条件表明 $\sum\limits_{i=1}^{k} \chi_{A_i}(x) \geqslant q \ (0 \leqslant x \leqslant 1)$）

2. 设 f 是 E 上的可测函数．证明若存在 $g, h \in L(E)$，使得

$$g(x) \leqslant f(x) \leqslant h(x) \ (x \in E)，$$

则 $f \in L(E)$．

3. 设 f 是 $[a, b]$ 上的实值可测函数，并且

$$\int_{[a,b]} |f(x)| \ln(1 + |f(x)|) \, \mathrm{d}x < +\infty．$$

证明 $f \in L([a, b])$．

（提示：$\int_{[a,b]} |f(x)| \, \mathrm{d}x = \int_{\{x \in [a,b]: |f(x)| \leqslant 2\}} |f(x)| \, \mathrm{d}x + \int_{\{x \in [a,b]: |f(x)| > 2\}} |f(x)| \, \mathrm{d}x$，然后

再分别估计等式右端的两个积分）

4.设 $f \in L(\mathbb{R})$，满足 $f(0) = 0, f'(0)$ 存在．设 $g(x) = \dfrac{f(x)}{x}$ $(x \in \mathbb{R} \setminus \{0\})$．证明 $g \in L(\mathbb{R} \setminus \{0\})$．

（提示：$\displaystyle\int_{\mathbb{R} \setminus \{0\}} \left| \dfrac{f(x)}{x} \right| dx = \int_{(-\delta, 0) \cup (0, \delta)} \left| \dfrac{f(x)}{x} \right| dx + \int_{\{x \in \mathbb{R} : |x| \geqslant \delta\}} \left| \dfrac{f(x)}{x} \right| dx$，其中 δ 是适当选取的正数）

5.设 $m(E) > 0$，f 是 E 上的可测函数，并且 $f(x) > 0$ $(x \in E)$．证明 $\displaystyle\int_E f(x)\, dx > 0$．

6.设 $f, g \in L(E)$，并且对 E 的任意可测子集 A，有
$$\int_A f(x)\, dx = \int_A g(x)\, dx .$$
证明 $f(x) = g(x)$ a.e. $x \in E$．

（提示：利用第 5 题的结论证明 $m(\{x \in E : f(x) \neq g(x)\}) = 0$）

7.设 f, f_k $(k \geqslant 1)$ 为 E 上的可测函数，$p > 0$．证明若
$$\lim_{k \to \infty} \int_E |(f_k - f)(x)|^p\, dx = 0 ,$$
则 $\{f_k\}$ 在 E 上依测度收敛于 f．

8.设 $f \in L(E)$ 且 $m(E) < +\infty$，证明 $\displaystyle\lim_{k \to \infty} \int_{\{x \in E : |f(x)| \geqslant k\}} |f(x)|\, dx = 0$．

（提示：利用 $\displaystyle\lim_{k \to \infty} m(\{x \in E : |f(x)| \geqslant k\}) = 0$ 以及积分的绝对连续性）

9.设 $f \in L(E)$ 且 $m(E) < +\infty$，证明 $\displaystyle\lim_{k \to \infty} k \cdot m(\{x \in E : |f(x)| \geqslant k\}) = 0$．

（提示：利用 $k \cdot m(\{x \in E : |f(x)| \geqslant k\}) \leqslant \displaystyle\int_{\{x \in E : |f(x)| \geqslant k\}} |f(x)|\, dx$ 以及第 8 题的结论）

10.设 E 是 $[a, b]$ 中的非空可测集，$f \in L(E)$ 并且 $I = \displaystyle\int_E f(x)\, dx > 0$．证明对任意的 $0 < c < I$，存在 E 的可测子集 A，使得 $\displaystyle\int_A f(x)\, dx = c$．（提示：考虑函数 $\varphi(t) = \displaystyle\int_{[a, t) \cap E} f(x)\, dx$ $(a \leqslant t \leqslant b)$，然后再应用连续函数的介值性定理）

11. 设 $m(E) < +\infty$，f 是 E 上几乎处处有限的可测函数．证明 $f \in L(E)$ 的充要条件是 $\sum\limits_{k=1}^{\infty} k \cdot m(\{x \in E : k \leqslant |f(x)| < k+1\}) < +\infty$．

（提示：令 $E_k = \{x \in E : k \leqslant |f(x)| < k+1\}\ (k \geqslant 1)$，于是

$$\int_E |f(x)|\,\mathrm{d}x = \int_{\{x \in E:\, 0 \leqslant |f(x)| < 1\}} |f(x)|\,\mathrm{d}x + \sum_{k=1}^{\infty} \int_{E_k} |f(x)|\,\mathrm{d}x + \int_{\{x \in E:\, |f(x)| = +\infty\}} |f(x)|\,\mathrm{d}x .$$

由于 $m(E) < +\infty$，从而

$$\int_{\{x \in E:\, 0 \leqslant |f(x)| < 1\}} |f(x)|\,\mathrm{d}x \leqslant m(\{x \in E : 0 \leqslant |f(x)| < 1\}) \leqslant m(E) < +\infty .$$

由于 f 是 E 上几乎处处有限的可测函数，从而

$$m(\{x \in E : |f(x)| = +\infty\}) = 0 ,$$

故 $\int_{\{x \in E:\, |f(x)| = +\infty\}} |f(x)|\,\mathrm{d}x = 0$．此外

$$\sum_{k=1}^{\infty} k \cdot m(\{x \in E : k \leqslant |f(x)| < k+1\}) \leqslant \sum_{k=1}^{\infty} \int_{E_k} |f(x)|\,\mathrm{d}x$$

并且

$$\sum_{k=1}^{\infty} \int_{E_k} |f(x)|\,\mathrm{d}x \leqslant \sum_{k=1}^{\infty} (k+1) \cdot m(\{x \in E : k \leqslant |f(x)| < k+1\})$$

12. 设 f 是 E 上的非负可测函数，$\{E_k\}$ 是 E 的一列单调递增的可测子集，并且 $E = \bigcup\limits_{k=1}^{\infty} E_k$．证明 $\int_E f(x)\,\mathrm{d}x = \lim\limits_{k \to \infty} \int_{E_k} f(x)\,\mathrm{d}x$．

13. 设 $\{f_k\}$ 是 E 上的 Lebesgue 可积函数列，并且

$$\sum_{k=1}^{\infty} \int_E |f_k(x)|\,\mathrm{d}x < +\infty .$$

证明 $\sum\limits_{k=1}^{\infty} |f_k(x)| < +\infty$ a. e. $x \in E$，$\sum\limits_{k=1}^{\infty} f_k(x)$ 在 E 上 Lebesgue 可积，并且

$$\int_E \sum_{k=1}^{\infty} f_k(x)\,\mathrm{d}x = \sum_{k=1}^{\infty} \int_E f_k(x)\,\mathrm{d}x .$$

（提示：令 $g(x) = \sum\limits_{k=1}^{\infty}\bigl|f_k(x)\bigr| \ (x \in E)$，题设条件蕴含 $g \in L(E)$，这蕴含级数 $\sum\limits_{k=1}^{\infty} f_k(x)$ 几乎处处收敛. 利用 Lebesgue 控制收敛定理）

14. 设 $\{E_k\}$ 是 E 的一列可测子集，使得 $\sum\limits_{k=1}^{\infty} m(E_k) < +\infty$. 证明对几乎所有的 $x \in E$，x 只属于有限多个 E_k.

（提示：令 $g(x) = \sum\limits_{k=1}^{\infty}\bigl|\chi_{E_k}(x)\bigr| \ (x \in E)$，证明 g 在 E 上 Lebesgue 可积）

15. 设 $m(E) < +\infty, f \in L(E)$ 并且 $f(x) > 0 \ (x \in E)$. 证明

$$\lim_{k \to \infty}\int_E \bigl[f(x)\bigr]^{\frac{1}{k}}\,\mathrm{d}x = m(E) .$$

（提示：在 $\{x \in E : 0 < f(x) \leqslant 1\}$ 上利用 Levi 定理，在 $\{x \in E : f(x) > 1\}$ 上利用 Lebesgue 控制收敛定理）

16. 设 f 是 $[0, +\infty)$ 上的连续函数，并且 $\lim\limits_{x \to +\infty} f(x) = l$. 证明对任意 $[a, b] \subseteq [0, +\infty)$，有

$$\lim_{k \to \infty}\int_a^b f(nx)\,\mathrm{d}x = (b - a) \cdot l .$$

（提示：利用 Lebesgue 控制收敛定理）

4.2　Lebesgue 可积函数的逼近性质

以下设 E 是 $\mathbb{R}^n$ 中的一个给定的非空可测集.

在本节中我们将看到 Lebesgue 可积函数可以用比较简单的函数（比如 Lebesgue 可积的简单函数，具有紧支集的连续函数，具有紧支集的阶梯函数）去逼近. Lebesgue 可积函数的逼近性质在处理有些问题时是很有用的.

定理 4.15　设 $f \in L(E)$. 则对任意的正数 ε，存在 E 上的 Lebesgue 可

积的简单函数 g，使得

$$\int_E \left| f(x) - g(x) \right| \mathrm{d}x < \varepsilon . \tag{4.5}$$

证明　由推论 3.1，存在 E 上的简单函数列 $\{f_k\}$，使得

$$\lim_{k \to \infty} f_k(x) = f(x) \ (x \in E) ,$$

并且 $\left| f_k(x) \right| \leqslant \left| f(x) \right| (k \geqslant 1, x \in E)$．于是 $f_k \in L(E) (k \geqslant 1)$，并且

$$\left| f(x) - f_k(x) \right| \leqslant \left| f(x) \right| + \left| f_k(x) \right| \leqslant 2 \left| f(x) \right| (k \geqslant 1, x \in E) .$$

对函数列 $\{f - f_k\}_{k=1}^{\infty}$ 应用定理 4.13 得到

$$\lim_{k \to \infty} \int_E \left| f(x) - f_k(x) \right| \mathrm{d}x = 0 .$$

取 k_0 足够大使得 $\int_E \left| f(x) - f_{k_0}(x) \right| \mathrm{d}x < \varepsilon$．令 $g = f_{k_0}$，则式（4.5）成立．∎

定理 4.16　设 $f \in L(E)$．则对任意的正数 ε，存在 $\mathbb{R}^n$ 上具有紧支集的连续函数 g，使得

$$\int_E \left| f(x) - g(x) \right| \mathrm{d}x < \varepsilon .$$

证明　设 $\varepsilon > 0$．根据定理 4.15，存在 $L(E)$ 中的简单函数 φ，使得

$$\int_E \left| f(x) - \varphi(x) \right| \mathrm{d}x < \frac{\varepsilon}{3} . \tag{4.6}$$

记 $M = \sup\limits_{x \in E} \left| \varphi(x) \right|$．根据定理 3.16，存在 $\mathbb{R}^n$ 上的连续函数 h，使得

$$m\{x \in E : h(x) \neq \varphi(x)\} < \frac{\varepsilon}{6M + 1} ,$$

并且

$$\sup_{x \in \mathbb{R}^n} \left| h(x) \right| \leqslant M .$$

我们有

$$\int_E |\varphi(x) - h(x)| \, dx = \int_{\{x \in E : h(x) \neq \varphi(x)\}} |\varphi(x) - h(x)| \, dx$$

$$\leqslant 2M \cdot m\{x \in E : h(x) \neq \varphi(x)\} \qquad (4.7)$$

$$< \frac{\varepsilon}{3}.$$

式（4.7）表明 $h - \varphi \in L(E)$，于是 $h = (h - \varphi) + \varphi \in L(E)$. 根据引理 3.4，对每个正整数 k，存在 $\mathbb{R}^n$ 上的连续函数 λ_k，使得 $0 \leqslant \lambda_k(x) \leqslant 1 \, (x \in \mathbb{R}^n)$，并且

$$\lambda_k \big|_{B(0,k)} = 1, \ \lambda_k \big|_{\mathbb{R}^n \setminus B(0,k+1)} = 0 .$$

令 $h_k = h\lambda_k \, (k \geqslant 1)$，则每个 h_k 是具有紧支集的连续函数，$\lim\limits_{k \to \infty} h_k(x) = h(x) \, (x \in E)$，并且 $|h_k(x)| \leqslant |h(x)| \, (x \in E, k \geqslant 1)$. 利用定理 4.13 得到，$\lim\limits_{k \to \infty} \int_E |h(x) - h_k(x)| \, dx = 0$. 因此对充分大的 k_0，有

$$\int_E |h(x) - h_{k_0}(x)| \, dx < \frac{\varepsilon}{3} .$$

令 $g = h_{k_0}$，则 g 是具有紧支集的连续函数. 并且

$$\int_E |h(x) - g(x)| \, dx < \frac{\varepsilon}{3} . \qquad (4.8)$$

综合式（4.6）～式（4.8）得到

$$\int_E |f(x) - g(x)| \, dx \leqslant \int_E |f(x) - \varphi(x)| \, dx + \int_E |\varphi(x) - h(x)| \, dx + \int_E |h(x) - g(x)| \, dx$$

$$< \frac{\varepsilon}{3} + \frac{\varepsilon}{3} + \frac{\varepsilon}{3} = \varepsilon.$$

∎

Lebesgue 可积函数也可以用具有紧支集的阶梯函数逼近. 称形如

$$f(x) = \sum_{i=1}^{k} a_i \chi_{I_i}(x) \, (x \in \mathbb{R})$$

的函数为 $\mathbb{R}$ 上的阶梯函数，其中 $I_1, I_2, \cdots, I_k$ 为 $\mathbb{R}$ 上的互不相交的区间.

定理 4.17 设 $E \subseteq \mathbb{R}$ 是非空可测集，$f \in L(E)$. 则对任意的正数 ε，存在 $\mathbb{R}$ 上具有紧支集的阶梯函数 g，使得

$$\int_E |f(x) - g(x)|\, \mathrm{d}x < \varepsilon .$$

证明　根据定理 4.16，对任意的正数 ε，存在 $\mathbb{R}$ 上具有紧支集的连续函数 φ，使得

$$\int_E |f(x) - \varphi(x)|\, \mathrm{d}x < \frac{\varepsilon}{2} . \tag{4.9}$$

不防设当 $x \in \mathbb{R} \setminus [a, b]$ 时 $\varphi(x) = 0$．由于 φ 在 $[a, b]$ 上一致连续，存在 $\delta > 0$，使得当 $x', x'' \in [a, b]$ 并且 $|x' - x''| < \delta$ 时

$$|\varphi(x') - \varphi(x'')| < \frac{\varepsilon}{2(b-a)} .$$

设 $a = x_0 < x_1 < \cdots < x_k = b$ 是 $[a, b]$ 的一个分割，使得 $\max\limits_{1 \leqslant i \leqslant k} |x_i - x_{i-1}| < \delta$．令

$$g(x) = \sum_{i=1}^{k} \varphi(x_i) \chi_{(x_{i-1}, x_i]}(x) .$$

则 g 是 $\mathbb{R}$ 上具有紧支集的阶梯函数，并且

$$|\varphi(x) - g(x)| < \frac{\varepsilon}{2(b-a)} \ (a < x \leqslant b) .$$

于是

$$\begin{aligned}
\int_{\mathbb{R}} |\varphi(x) - g(x)|\, \mathrm{d}x &= \int_{[a, b]} |\varphi(x) - g(x)|\, \mathrm{d}x \\
&= \int_{(a, b]} |\varphi(x) - g(x)|\, \mathrm{d}x \\
&\leqslant (b-a) \cdot \frac{\varepsilon}{2(b-a)} = \frac{\varepsilon}{2} .
\end{aligned} \tag{4.10}$$

结合式（4.9）、式（4.10）两式得到

$$\int_E |f(x) - g(x)|\, \mathrm{d}x \leqslant \int_E |f(x) - \varphi(x)|\, \mathrm{d}x + \int_E |\varphi(x) - g(x)|\, \mathrm{d}x$$

$$< \frac{\varepsilon}{2} + \frac{\varepsilon}{2} = \varepsilon .$$

4.3　Lebesgue 积分与 Riemann 积分的关系

本节讨论 Lebesgue 积分与 Riemann 积分之间的关系. 我们将证明 Lebesgue 积分是 Riemann 积分的推广. 同时用测度论的方法给出判别函数是否 Riemann 可积的一个充要条件.

为区别 f 在 $[a, b]$ 上的 Riemann 积分和 Lebesgue 积分, 以下将它们分别暂记为 $(R)\int_a^b f(x)\,\mathrm{d}x$ 和 $(L)\int_a^b f(x)\,\mathrm{d}x$.

先回顾数学分析中熟知的 Riemann 可积的充要条件. 设 $[a, b]$ 是一个有界闭区间. 设 P_1, P_2 是 $[a, b]$ 的两个分割, 如果分割 P_2 是由分割 P_1 添加有限多个分点而成, 则称分割 P_2 是分割 P_1 的一个加细,

记为 $P_1 \leqslant P_2$. 如果 $\{P_n\}$ 是 $[a, b]$ 的一列分割, 使得 $P_n \leqslant P_{n+1}\ (n \geqslant 1)$, 则称 $\{P_n\}$ 是单调加细的.

设 f 是定义在 $[a, b]$ 上的有界实值函数,

$$P: a = x_0 < x_1 < \cdots < x_n = b$$

是 $[a, b]$ 的一个分割. 对每个 $i = 1, \cdots, n$, 记

$$\Delta x_i = x_i - x_{i-1},$$
$$m_i = \inf\{f(x) : x \in [x_{i-1}, x_i]\},$$
$$M_i = \sup\{f(x) : x \in [x_{i-1}, x_i]\}.$$

此外称 $\lambda = \max\limits_{1 \leqslant i \leqslant n} \Delta x_i$ 为分割 P 的细度, 记为 $\|P\|$. 令

$$\underline{I} = \sup_P \sum_{i=1}^n m_i \Delta x_i,\ \overline{I} = \inf_P \sum_{i=1}^n M_i \Delta x_i,$$

其中, 上确界和下确界是关于 $[a, b]$ 的所有分割 P 取的. 分别称 $\underline{I}$ 和 $\overline{I}$ 为 f 在 $[a, b]$ 上的达布下积分和达布上积分. 在数学分析中熟知

（1）$\underline{I} = \lim\limits_{\|P\| \to 0} \sum\limits_{i=1}^{n} m_i \Delta x_i, \overline{I} = \lim\limits_{\|P\| \to 0} \sum\limits_{i=1}^{n} M_i \Delta x_i$.

（2）f 在 $[a, b]$ 上 Riemann 可积的充要条件是 $\underline{I} = \overline{I}$ ，并且当 f 在 $[a, b]$ 上 Riemann 可积时

$$(R)\int_a^b f(x)\, dx = \underline{I} = \overline{I} .$$

现在设

$$P_n: \ a = x_0^{(n)} < x_1^{(n)} < \cdots < x_{k_n}^{(n)} = b$$

是 $[a, b]$ 的一列单调加细的分割，并且 P_n 的细度 $\|P_n\| \to 0$. 对每个正整数 n 和每个 $i = 1, \cdots, k_n$ ，记

$$\Delta x_i^{(n)} = x_i^{(n)} - x_{i-1}^{(n)},$$
$$m_i^{(n)} = \inf\left\{f(x) : x \in \left[x_{i-1}^{(n)}, x_i^{(n)}\right]\right\},$$
$$M_i^{(n)} = \sup\left\{f(x) : x \in \left[x_{i-1}^{(n)}, x_i^{(n)}\right]\right\}.$$

由于 $\underline{I} = \lim\limits_{\|P\| \to 0} \sum\limits_{i=1}^{n} m_i \Delta x_i, \overline{I} = \lim\limits_{\|P\| \to 0} \sum\limits_{i=1}^{n} M_i \Delta x_i$ ，于是

$$\underline{I} = \lim_{n \to \infty} \sum_{i=1}^{k_n} m_i^{(n)} \Delta x_i^{(n)}, \overline{I} = \lim_{n \to \infty} \sum_{i=1}^{k_n} M_i^{(n)} \Delta x_i^{(n)} . \qquad (4.11)$$

对于上述的分割序列 $\{P_n\}$ ，定义函数列 $\{u_n\}$ 和 $\{U_n\}$ 如下：

$$u_n(a) = m_1^{(n)}, u_n(x) = m_i^{(n)} \ (x \in (x_{i-1}^{(n)}, x_i^{(n)}]) ,$$
$$U_n(a) = M_1^{(n)}, U_n(x) = M_i^{(n)} \ (x \in (x_{i-1}^{(n)}, x_i^{(n)}]) .$$

则 u_n 和 U_n 都是 $[a, b]$ 上的简单函数，并且对每个 $x \in [a, b]$ ，总有

$$u_1(x) \leqslant u_2(x) \leqslant \cdots \leqslant u_n(x) \leqslant u_{n+1}(x) \leqslant \cdots,$$
$$U_1(x) \geqslant U_2(x) \geqslant \cdots \geqslant U_n(x) \geqslant U_{n+1}(x) \geqslant \cdots .$$

令 m 和 M 分别是 f 在 $[a, b]$ 上的下界和上界，则对每个正整数 n 和每个 $x \in [a, b]$ ，总有

$$m \leqslant u_n(x) \leqslant f(x) \leqslant U_n(x) \leqslant M .$$

再令 $u(x)=\lim\limits_{n\to\infty}u_n(x)\,(x\in[a,b]),U(x)=\lim\limits_{n\to\infty}U_n(x)\,(x\in[a,b])$. 则 u 和 U 都是 $[a,b]$ 上的有界可测函数，并且

$$u(x)\leqslant f(x)\leqslant U(x)\,(x\in[a,b]) .$$

以下的引理 4.1 和定理 4.18 均采用上述记号.

引理 4.1 设 f 是定义在 $[a,b]$ 上的有界实值函数，$\{P_n\}$ 是 $[a,b]$ 的一列单调加细的分割，并且 P_n 的细度 $\|P_n\|\to 0$. 若 $x_0\in[a,b]$ 并且 x_0 不是任何 P_n 的分点，则 $u(x_0)=U(x_0)$ 的充要条件是 f 在 x_0 处连续.

证明 充分性：设 f 在 x_0 处连续. 则对任意 $\varepsilon>0$，存在 $\delta>0$ 使得当 $x\in(x_0-\delta,x_0+\delta)$ 时，

$$f(x_0)-\varepsilon<f(x)<f(x_0)+\varepsilon .$$

取充分大的正整数 n 使得 $\|P_n\|<\delta$. 设 $x_0\in\left(x_{i-1}^{(n)},x_i^{(n)}\right)$，则

$$\left[x_{i-1}^{(n)},x_i^{(n)}\right]\subseteq(x_0-\delta,x_0+\delta) .$$

因此当 $x\in\left[x_{i-1}^{(n)},x_i^{(n)}\right]$ 时

$$f(x_0)-\varepsilon<f(x)<f(x_0)+\varepsilon .$$

于是

$$f(x_0)-\varepsilon\leqslant m_i^{(n)}\leqslant M_i^{(n)}\leqslant f(x_0)+\varepsilon .$$

从而有

$$U_n(x_0)-u_n(x_0)=M_i^{(n)}-m_i^{(n)}\leqslant 2\varepsilon .$$

令 $n\to\infty$ 得到 $U(x_0)-u(x_0)\leqslant 2\varepsilon$. 由 $\varepsilon>0$ 的任意性得到 $u(x_0)=U(x_0)$.

必要性：设 $u(x_0)=U(x_0)$. 则

$$\lim\limits_{n\to\infty}(U_n(x_0)-u_n(x_0))=U(x_0)-u(x_0)=0 .$$

对任意 $\varepsilon>0$，取充分大的 n_0 使得 $U_{n_0}(x_0)-u_{n_0}(x_0)<\varepsilon$. 设 $x_0\in\left(x_{i-1}^{(n_0)},x_i^{(n_0)}\right)$. 取 $\delta>0$ 使得 $(x_0-\delta,x_0+\delta)\subseteq\left(x_{i-1}^{(n_0)},x_i^{(n_0)}\right)$. 则当 $x\in(x_0-\delta,x_0+\delta)$ 时，

$$|f(x) - f(x_0)| \leqslant U_{n_0}(x_0) - u_{n_0}(x_0) < \varepsilon .$$

因此 f 在 x_0 处连续 . ∎

定理 4.18 设 f 是定义在 $[a,b]$ 上的有界实值函数 . 则:

（1） f 在 $[a,b]$ 上 Riemann 可积的充要条件是 f 在 $[a,b]$ 上几乎处处连续（即 f 的间断点的全体是零测度集合）.

（2）若 f 在 $[a,b]$ 上是 Riemann 可积的,则 f 在 $[a,b]$ 上是 Lebesgue 可积的,并且

$$(R)\int_a^b f(x)\,dx = (L)\int_a^b f(x)\,dx .$$

证明 （1）设

$$P_n : a = x_0^{(n)} < x_1^{(n)} < \cdots < x_{k_n}^{(n)} = b$$

是 $[a,b]$ 的一列单调加细的分割,并且 P_n 的细度 $\|P_n\| \to 0$. 由推论 4.2 和 u_n 与 U_n 的定义,我们有

$$(L)\int_a^b U(x)\,dx = \lim_{n\to\infty}(L)\int_a^b U_n(x)\,dx = \lim_{n\to\infty}\sum_{i=1}^{k_n} M_i^{(n)}\Delta x_i^{(n)} .$$

$$(L)\int_a^b u(x)\,dx = \lim_{n\to\infty}(L)\int_a^b u_n(x)\,dx = \lim_{n\to\infty}\sum_{i=1}^{k_n} m_i^{(n)}\Delta x_i^{(n)} . \qquad （4.12）$$

两式相减,并且利用式（4.11）得到

$$(L)\int_a^b (U(x) - u(x))\,dx = \bar{I} - \underline{I} .$$

因此 f 在 $[a,b]$ 上 Riemann 可积当且仅当 $(L)\int_a^b (U(x) - u(x))\,dx = 0$,这等价于 $U(x) = u(x)$ a. e. $x \in [a,b]$（注意 $U(x) - u(x) \geqslant 0\ (x \in [a,b])$）.

设 A 是分割序列 $\{P_n\}$ 的分点的全体,则 $m(A) = 0$. 再令 B 是 f 的间断点的全体 . 根据引理 4.1,当 $x \notin A$ 时, $U(x) = u(x)$ 当且仅当 f 在 x 处连续 . 因此 $U(x) = u(x)$ a. e. $x \in [a,b]$ 等价于 $m(B) = 0$. 换言之, $U(x) = u(x)$ a. e. $x \in [a,b]$ 等价于 f 在 $[a,b]$ 上几乎处处连续 . 从而 f 在 $[a,b]$ 上 Riemann

可积当且仅当 f 在 $[a,b]$ 上几乎处处连续.

（2）设 f 在 $[a,b]$ 上 Riemann 可积. 上面已证

$$U(x) = u(x) \text{ a. e. } x \in [a,b],$$

结合 $u(x) \leqslant f(x) \leqslant U(x)\,(x \in [a,b])$ 知道 $f(x) = u(x)$ a. e. $x \in [a,b]$. 根据 3.2 节例 3 知道 f 在 $[a,b]$ 上是可测的. 又因为 f 在 $[a,b]$ 上是有界的，因此 f 在 $[a,b]$ 上是 Lebesgue 可积的. 利用式（4.11）和式（4.12），得到

$$(L)\int_a^b f(x)\,\mathrm{d}x = (L)\int_a^b u(x)\,\mathrm{d}x = \lim_{n \to \infty} \sum_{i=1}^{k_n} m_i^{(n)} \Delta x_i^{(n)} = \underline{I} = (R)\int_a^b f(x)\,\mathrm{d}x \ .$$

定理证毕. ∎

定理 4.18（1）给出了有界实值函数在 $[a,b]$ 上 Riemann 可积的一个简单明了的判别条件，彻底搞清楚了函数的可积性与函数的连续性的关系. 这个结果既简明又深刻，是测度与积分理论中最精彩的结果之一. 从直观上看，一个有界实值函数要 Riemann 可积，其间断点就不能太多，但这只是一个不精确的定性的描述. 只有利用测度理论才能对函数的间断点的多与寡给以精确的描述，从而得到关于 Riemann 可积性的精确结果. 这个结果是测度理论最成功的应用之一.

定理 4.18（2）表明 Lebesgue 积分是 Riemann 积分的推广，并且 Lebesgue 积分的可积函数类包含 Riemann 积分的可积函数类. 在 4.1 节中我们曾指出，$[0,1]$ 上的 Dirichlet 函数 D 是 Lebesgue 可积的但不是 Riemann 可积的. 因此 Lebesgue 积分的可积函数类严格地大于 Riemann 积分的可积函数类.

例 1 设 f 是区间 $[a,b]$ 上的有界单调实值函数. 根据 1.2 节例 13 的结果，f 的间断点的全体是可数集. 因此 f 在 $[a,b]$ 上是几乎处处连续的. 又由于 f 在 $[a,b]$ 上是有界的，根据定理 4.18，f 在 $[a,b]$ 上是 Riemann 可积的，

因而也是 Lebesgue 可积的.■

例 2　在数学分析中熟知 Riemann 函数

$$R(x) = \begin{cases} \dfrac{1}{q}, & \text{当 } x = \dfrac{p}{q}\,(p, q \text{ 为正整数}, \dfrac{p}{q} \text{ 为既约真分数}), \\[3mm] 0, & \text{当 } x = 0,1 \text{ 及 } (0,1) \text{ 上的无理数} \end{cases}$$

在 $[0,1]$ 上任何无理点都连续, 任何有理点都不连续. 这说明 R 在 $[0,1]$ 上的间断点的全体是零测度集合. 根据定理 4.18 (1), R 在 $[a,b]$ 上是 Riemann 可积的.■

下面以无界区间 $[a, +\infty)$ 的广义 Riemann 积分为例, 讨论广义 Riemann 积分与 Lebesgue 积分的关系. 为区别 f 在 $[a, +\infty)$ 上的广义 Riemann 积分和 Lebesgue 积分, 以下将它们分别暂记为 $(R)\int_a^{+\infty} f(x)\,\mathrm{d}x$ 和 $(L)\int_a^{+\infty} f(x)\,\mathrm{d}x$.

定理 4.19　设对每个 $a < b$, f 在 $[a,b]$ 上有界并且几乎处处连续. 则 $f \in L([a, +\infty))$ 的充要条件是 $(R)\int_a^{+\infty} f(x)\,\mathrm{d}x$ 绝对收敛. 并且当 $(R)\int_a^{+\infty} f(x)\,\mathrm{d}x$ 绝对收敛时, 有

$$(R)\int_a^{+\infty} f(x)\,\mathrm{d}x = (L)\int_a^{+\infty} f(x)\,\mathrm{d}x.$$

证明　由于对每个 $a < b$, f 在 $[a,b]$ 上有界并且几乎处处连续, 由定理 4.18 知道, f 在 $[a,b]$ 上是 Riemann 可积和 Lebesgue 可积的. 因而对每个 $a < b$, f 在 $[a,b]$ 上可测, 从而 f 在 $[a, +\infty)$ 上是可测的. 对每个正整数 $n \geqslant a$, 令 $f_n(x) = f(x)\chi_{[a, n]}(x)\,(a \leqslant x < +\infty)$. 则 $\{f_n\}$ 是 $[a, +\infty)$ 上的可测函数列, 并且 $\lim\limits_{n \to \infty} f_n(x) = f(x)\,(a \leqslant x < +\infty)$. 由于 $\{|f_n|\}$ 是单调增加的, 利用定理 4.18 和定理 4.5 得到

$$\begin{aligned}(R)\int_a^{+\infty} |f(x)|\,\mathrm{d}x &= \lim_{n \to \infty}(R)\int_a^n |f(x)|\,\mathrm{d}x = \lim_{n \to \infty}(L)\int_a^n |f(x)|\,\mathrm{d}x \\ &= \lim_{n \to \infty}(L)\int_a^{+\infty} |f_n(x)|\,\mathrm{d}x = (L)\int_a^{+\infty} |f(x)|\,\mathrm{d}x.\end{aligned} \tag{4.13}$$

（上式两端的值允许为 $+\infty$）．当上式的一端有限时，另一端也有限．因此 $f \in L([a, +\infty))$ 当且仅当 $(R)\int_a^{+\infty} f(x)\,dx$ 绝对收敛．于是当 $(R)\int_a^{+\infty} f(x)\,dx$ 绝对收敛时，$f \in L([a, +\infty))$．注意到

$$|f_n(x)| \leqslant |f(x)|\ (a \leqslant x < +\infty,\, n \geqslant 1)\,,$$

类似于式（4.13）的证明（只是此时最后一个等式是利用定理 4.13，而不是定理 4.5），得到

$$(R)\int_a^{+\infty} f(x)\,dx = (L)\int_a^{+\infty} f(x)\,dx\,.$$

定理证毕．■

根据定理 4.18 和定理 4.19，f 在区间上的 Lebesgue 积分包含了 Riemann 正常积分和绝对收敛的广义 Riemann 积分．因此 Lebesgue 积分的性质，对于 Riemann 正常积分和绝对收敛的广义 Riemann 积分也成立．

习题 4.3

1. 设 f 在 $[a, b]$ 上 Riemann 可积，g 是 $\mathbb{R}$ 上的连续函数．证明 $g \circ f$ 在 $[a, b]$ 上 Riemann 可积．（提示：利用定理 4.18）

2. 设 f 和 g 在 $[a, b]$ 上 Riemann 可积，并且在 $[a, b]$ 中的有理数集上相等．证明 f 和 g 在 $[a, b]$ 上 Lebesgue 积分相等．（提示：证明 $f(x) = g(x)$ a. e. $x \in [a, b]$）

4.4　Fubini 定理

在 Riemann 积分理论中，关于重积分与累次积分，有如下结果：如果 $f(x, y)$ 在矩形区域 $D = [a, b] \times [c, d]$ 上连续，则

$$\iint_D f(x, y)\,\mathrm{d}x\mathrm{d}y = \int_a^b \mathrm{d}x \int_c^d f(x, y)\,\mathrm{d}y = \int_c^d \mathrm{d}y \int_a^b f(x, y)\,\mathrm{d}x .$$

本节我们对 Lebesgue 积分考虑同样的问题. 设 p 和 q 是正整数, f 是定义在 $\mathbb{R}^p \times \mathbb{R}^q$ 上的函数. 设对几乎处处固定的 $x \in \mathbb{R}^p$, $f(x, y)$ 作为 y 的函数在 $\mathbb{R}^q$ 上的积分存在. 记

$$g(x) = \int_{\mathbb{R}^q} f(x, y)\,\mathrm{d}y \qquad\qquad (4.14)$$

（可能对于一个零测度集合中的 x, 式（4.14）右端的积分不存在. 此时 g 在这个零测度集合上没有定义, 在这个零测度集合上令 $g(x) = 0$ ）. 若 g 在 $\mathbb{R}^p$ 上可测并且积分存在, 则称 $\int_{\mathbb{R}^p} g(x)\,\mathrm{d}x$ 为 f 的累次积分, 记为

$$\int_{\mathbb{R}^p} \left(\int_{\mathbb{R}^q} f(x, y)\,\mathrm{d}y \right) \mathrm{d}x , \quad \text{或} \int_{\mathbb{R}^p} \mathrm{d}x \int_{\mathbb{R}^q} f(x, y)\,\mathrm{d}y .$$

类似地可以定义另一个顺序的累次积分 $\int_{\mathbb{R}^q} \mathrm{d}y \int_{\mathbb{R}^p} f(x, y)\,\mathrm{d}x$. 称 f 在 $\mathbb{R}^p \times \mathbb{R}^q$ 上的积分为重积分, 记为

$$\int_{\mathbb{R}^p \times \mathbb{R}^q} f(x, y)\,\mathrm{d}x\mathrm{d}y .$$

下面将要证明的 Fubini 定理表明, 在很一般的条件下, 重积分和两个不同顺序的累次积分是相等的. 为此, 需要作一些准备.

我们知道 $\mathbb{R}^{p+q}$ 可以看成是 $\mathbb{R}^p \times \mathbb{R}^q$. 设 $A \subseteq \mathbb{R}^p, B \subseteq \mathbb{R}^q$. 称

$$A \times B = \{(x, y) : x \in A, y \in B\}$$

为 $\mathbb{R}^{p+q}$ 中的矩形. 若 A 和 B 都是可测集, 则称 $A \times B$ 是可测矩形. 当 A 和 B 是直线上的有界区间时, $A \times B$ 就是平面上的通常意义下的矩形.

设 $E \subseteq \mathbb{R}^p \times \mathbb{R}^q$. 对于 $x \in \mathbb{R}^p$, 称集合

$$E_x = \left\{ y \in \mathbb{R}^q : (x, y) \in E \right\}$$

为 E 在 x 处的截口. 对于 $y \in \mathbb{R}^q$, 称集合

$$E_y = \left\{ x \in \mathbb{R}^p : (x, y) \in E \right\}$$

为 E 在 y 处的截口. 注意 E_x 和 E_y 分别是 $\mathbb{R}^q$ 和 $\mathbb{R}^p$ 的子集.

容易验证关于 x 的截口有如下性质:

$$\left(\bigcup_{n=1}^{\infty} E_n\right)_x = \bigcup_{n=1}^{\infty} (E_n)_x ,$$

$$\left(\bigcap_{n=1}^{\infty} E_n\right)_x = \bigcap_{n=1}^{\infty} (E_n)_x ,$$

$$(A \setminus B)_x = A_x \setminus B_x .$$

同样, 关于 y 的截口也有类似的性质.

在叙述下面的定理之前先看一个事实. 设平面 $\mathbb{R}^2$ 上的图形 E 是由连续曲线 $y = y_1(x), y = y_2(x) (y_1(x) \leqslant y_2(x))$ 和直线 $x = a, x = b (a < b)$ 所围成的. 在数学分析中熟知 E 的面积

$$S = \int_a^b (y_2(x) - y_1(x)) \, dx = \int_a^b |E_x| \, dx .$$

其中, $|E_x|$ 表示截口线段 E_x 的长度. 下面的定理表明, 高维空间可测集的测度与其在低维空间截口的测度, 有类似的关系.

定理 4.20 设 E 是 $\mathbb{R}^p \times \mathbb{R}^q$ 中的可测集. 则:

（1）对几乎处处的 $x \in \mathbb{R}^p$, E_x 是 $\mathbb{R}^q$ 中的可测集.

（2）函数 $m(E_x) (x \in \mathbb{R}^p)$ 是可测的, 并且

$$m(E) = \int_{\mathbb{R}^p} m(E_x) \, dx .$$

证明 分以下几个步骤证明:

①证明满足定理的结论（1）和（2）的可测集所成的集类对不相交可列并运算封闭. 设 $\{E_n\}$ 是 $\mathbb{R}^p \times \mathbb{R}^q$ 中的一列互不相交的可测集, 每个 E_n 满足定理的结论（1）和（2）. 令 $E = \bigcup_{n=1}^{\infty} E_n$, 则 $E_x = \bigcup_{n=1}^{\infty} (E_n)_x$. 由于对几乎处处的 $x \in \mathbb{R}^p$, 每个 $(E_n)_x$ 是 $\mathbb{R}^q$ 中的可测集, 因此 E_x 是 $\mathbb{R}^q$ 中的可测集. 由

于 $\{(E_n)_x\}$ 互不相交，因此

$$m(E_x) = \sum_{n=1}^{\infty} m((E_n)_x) \ .$$

由上式知道函数 $m(E_x)\,(x \in \mathbb{R}^p)$ 是可测的．利用定理 4.7，我们有

$$m(E) = \sum_{n=1}^{\infty} m(E_n) = \sum_{n=1}^{\infty} \int_{\mathbb{R}^p} m((E_n)_x)\,\mathrm{d}x$$

$$= \int_{\mathbb{R}^p} \sum_{n=1}^{\infty} m((E_n)_x)\,\mathrm{d}x = \int_{\mathbb{R}^p} m(E_x)\,\mathrm{d}x.$$

这表明 E 满足定理的结论（1）和（2）．

②设 $E = I_1 \times I_2$ 是 $\mathbb{R}^p \times \mathbb{R}^q$ 中的方体，其中 I_1 是 $\mathbb{R}^p$ 中的方体，I_2 是 $\mathbb{R}^q$ 中的方体．则对每个 $x \in \mathbb{R}^p$，

$$E_x = \begin{cases} I_2, & x \in I_1, \\ \varnothing, & x \notin I_1, \end{cases} \qquad m(E_x) = \begin{cases} |I_2|, & x \in I_1, \\ 0, & x \notin I_1. \end{cases}$$

因此 E_x 是 $\mathbb{R}^q$ 中的可测集，函数 $m(E_x)\,(x \in \mathbb{R}^p)$ 是可测的．并且

$$m(E) = |I_1 \times I_2| = |I_1| \cdot |I_2| = \int_{I_1} |I_2|\,\mathrm{d}x = \int_{\mathbb{R}^p} m(E_x)\,\mathrm{d}x \ .$$

③设 E 是开集．根据定理 1.22，存在一列互不相交的半开方体 $\{I_n\}$ 使得 $E = \bigcup_{n=1}^{\infty} I_n$．根据情形②的结论，每个 I_n 满足定理的结论（1）和（2）．再利用情形①的结论即知 E 满足定理的结论（1）和（2）．

④设 $E = \bigcap_{n=1}^{\infty} G_n$ 是有界 G_δ 型集，其中每个 G_n 是开集．不妨设 $\{G_n\}$ 是单调递减的（否则令 $\widetilde{G}_1 = G_1$，$\widetilde{G}_n = G_1 \cap G_2 \cap \cdots \cap G_n \,(n \geqslant 2)$，用 $\{\widetilde{G}_n\}$ 代替 $\{G_n\}$）．既然 E 有界，不妨设 G_1 有界（由于 E 有界，从而存在正数 r 使得 $E \subseteq B(0, r)$，于是 $E = E \cap B(0, r) = \bigcap_{n=1}^{\infty} (G_n \cap B(0, r))$，然后令 $\widehat{G}_n = G_n \cap B(0, r)\,(n \geqslant 1)$，用 $\{\widehat{G}_n\}$ 代替 $\{G_n\}$）．根据情形③的结论，每个 $(G_n)_x$ 是可测集．于是

$E_x = \bigcap_{n=1}^{\infty} (G_n)_x$ 是可测集. 利用测度的上连续性, 对每个 $x \in \mathbb{R}^p$,

$$m(E_x) = m(\bigcap_{n=1}^{\infty} (G_n)_x) = \lim_{n \to \infty} m((G_n)_x) . \qquad (4.15)$$

根据情形③的结论, 每个 $m((G_n)_x)(x \in \mathbb{R}^p)$ 是可测函数. 于是由式 (4.15) 知道函数 $m(E_x)(x \in \mathbb{R}^p)$ 是可测的. 再次利用情形③的结论, 有

$$\int_{\mathbb{R}^p} m((G_1)_x) \, dx = m(G_1) < +\infty ,$$

故 $m((G_1)_x)(x \in \mathbb{R}^p) \in L(\mathbb{R}^p)$. 又 $m((G_n)_x) \leqslant m((G_1)_x)(x \in \mathbb{R}^p, n \geqslant 1)$, 利用定理 4.13 和式 (4.15) 得到

$$m(E) = \lim_{n \to \infty} m(G_n) = \lim_{n \to \infty} \int_{\mathbb{R}^p} m((G_n)_x) \, dx = \int_{\mathbb{R}^p} m(E_x) \, dx .$$

⑤设 E 是零测度集合. 此时 E 可以表示为一列有界零测度集合的不相交并集. 利用情形①的结论, 不妨设 E 是有界零测度集合. 根据定理 2.8, 存在有界 G_δ 型集 G, 使得 $G \supseteq E$ 并且 $m(G \setminus E) = 0$(由于 E 有界, 从而存在正数 r 使得 $E \subseteq B(0, r)$. 根据定理 2.8, 存在 G_δ 型集 $G_1 \supseteq E$, 使得 $m(G_1 \setminus E) = 0$. 令 $G = G_1 \bigcap B(0, r)$, 显然 G 为有界 G_δ 型集且满足 $G \supseteq E$ 并且 $m(G \setminus E) = 0$). 于是 $m(G) = 0$. 利用情形④的结论得到

$$\int_{\mathbb{R}^p} m(G_x) \, dx = m(G) = 0 .$$

故 $m(G_x) = 0$ a. e. $x \in \mathbb{R}^p$. 由于 $E_x \subseteq G_x$, 因此对几乎处处的 $x \in \mathbb{R}^p$, E_x 是可测集, 并且 $m(E_x) = 0$ a. e. $x \in \mathbb{R}^p$. 于是函数 $m(E_x)(x \in \mathbb{R}^p)$ 是可测的, 并且 $m(E) = \int_{\mathbb{R}^p} m(E_x) \, dx$.

⑥一般情形, 设 E 是 $\mathbb{R}^p \times \mathbb{R}^q$ 中的可测集. 与情形⑤类似, 不妨设 E 有界. 根据定理 2.8, 存在有界 G_δ 型集 G, 使得 $G \supseteq E$ 并且 $m(G \setminus E) = 0$. 令 $A = G \setminus E$, 则 A 是有界零测度集合, 并且 $E = G \setminus A$. 由于 $E_x = G_x \setminus A_x$,

根据情形④和⑤的结论知道，对几乎处处的 $x \in \mathbb{R}^p$，E_x 是可测集．由于

$$m(E_x) = m(G_x) - m(A_x) = m(G_x) \ \text{a. e.} \ x \in \mathbb{R}^p,$$

因此函数 $m(E_x)\,(x \in \mathbb{R}^p)$ 是可测的．最后

$$m(E) = m(G) = \int_{\mathbb{R}^p} m(G_x)\,\mathrm{d}x = \int_{\mathbb{R}^p} m(E_x)\,\mathrm{d}x.$$

至此，定理得证．■

由于对称性，对于截口 $E_y\,(y \in \mathbb{R}^q)$ 成立类似于定理 4.20 的结论．

定理 4.21　（Fubini 定理）（1）若 f 是 $\mathbb{R}^p \times \mathbb{R}^q$ 上的非负可测函数，则对几乎处处的 $x \in \mathbb{R}^p$，$f(x, y)$ 作为 y 的函数在 $\mathbb{R}^q$ 上可测，

$$g(x) = \int_{\mathbb{R}^q} f(x, y)\,\mathrm{d}y \ (x \in \mathbb{R}^p)$$

在 $\mathbb{R}^p$ 上可测．并且

$$\int_{\mathbb{R}^p \times \mathbb{R}^q} f(x, y)\,\mathrm{d}x\mathrm{d}y = \int_{\mathbb{R}^p} \left(\int_{\mathbb{R}^q} f(x, y)\,\mathrm{d}y \right) \mathrm{d}x. \qquad （4.16）$$

（2）若 f 是 $\mathbb{R}^p \times \mathbb{R}^q$ 上的可积函数，则对几乎处处的 $x \in \mathbb{R}^p$，$f(x, y)$ 作为 y 的函数在 $\mathbb{R}^q$ 上可积，

$$g(x) = \int_{\mathbb{R}^q} f(x, y)\,\mathrm{d}y \ (x \in \mathbb{R}^p)$$

在 $\mathbb{R}^p$ 上可积．并且

$$\int_{\mathbb{R}^p \times \mathbb{R}^q} f(x, y)\,\mathrm{d}x\mathrm{d}y = \int_{\mathbb{R}^p} \left(\int_{\mathbb{R}^q} f(x, y)\,\mathrm{d}y \right) \mathrm{d}x.$$

证明　（1）先设 $f(x, y) = \chi_E(x, y)$ 是可测集的特征函数，其中 E 是 $\mathbb{R}^p \times \mathbb{R}^q$ 中的可测集．则对每个固定的 $x \in \mathbb{R}^p$，$f(x, y) = \chi_{E_x}(y)$．根据定理 4.20，对几乎处处的 $x \in \mathbb{R}^p$，E_x 是 $\mathbb{R}^q$ 中的可测集．因此对几乎处处的 $x \in \mathbb{R}^p$，$f(x, y)$ 作为 y 的函数在 $\mathbb{R}^q$ 上可测．并且

$$\int_{\mathbb{R}^p \times \mathbb{R}^q} \chi_E(x, y)\,\mathrm{d}x\mathrm{d}y = m(E) = \int_{\mathbb{R}^p} m(E_x)\,\mathrm{d}x$$

$$= \int_{\mathbb{R}^p} \left(\int_{\mathbb{R}^q} \chi_{E_x}(y)\,\mathrm{d}y \right) \mathrm{d}x = \int_{\mathbb{R}^p} \left(\int_{\mathbb{R}^q} \chi_E(x, y)\,\mathrm{d}y \right) \mathrm{d}x.$$

这表明当 f 是可测集的特征函数时, 结论成立. 由积分的线性性知道, 当 f 是非负简单函数时, 结论成立. 一般情形, 设 f 是非负可测函数. 则存在单调增加的非负简单函数列 $\{f_n\}$ 使得

$$\lim_{n\to\infty} f_n(x, y) = f(x, y)\,((x, y) \in \mathbb{R}^p \times \mathbb{R}^q)\,.$$

根据刚刚证明的结论, 对几乎处处的 $x \in \mathbb{R}^p$, 每个 $f_n(x, y)$ 在 $\mathbb{R}^q$ 上可测, 从而 $f(x, y)$ 也在 $\mathbb{R}^q$ 上可测. 令

$$g_n(x) = \int_{\mathbb{R}^q} f_n(x, y)\,\mathrm{d}y\,(x \in \mathbb{R}^p, n \geqslant 1)\,.$$

则 $\{g_n\}$ 是单调增加的非负可测函数列, 并且由定理 4.5 得到

$$\lim_{n\to\infty} g_n(x) = \lim_{n\to\infty} \int_{\mathbb{R}^q} f_n(x, y)\,\mathrm{d}y = \int_{\mathbb{R}^q} f(x, y)\,\mathrm{d}y\,.$$

因此 $g(x) = \int_{\mathbb{R}^q} f(x, y)\,\mathrm{d}y$ 是非负可测函数. 再对函数列 $\{g_n\}$ 应用定理 4.5, 得到

$$\begin{aligned}
\int_{\mathbb{R}^p \times \mathbb{R}^q} f(x, y)\,\mathrm{d}x\mathrm{d}y &= \lim_{n\to\infty} \int_{\mathbb{R}^p \times \mathbb{R}^q} f_n(x, y)\,\mathrm{d}x\mathrm{d}y \\
&= \lim_{n\to\infty} \int_{\mathbb{R}^p} \left(\int_{\mathbb{R}^q} f_n(x, y)\,\mathrm{d}y \right) \mathrm{d}x \\
&= \int_{\mathbb{R}^p} \left(\int_{\mathbb{R}^q} f(x, y)\,\mathrm{d}y \right) \mathrm{d}x.
\end{aligned}$$

即式 (4.16) 成立. 因此结论 (1) 得证.

(2) 设 $f \in L(\mathbb{R}^p \times \mathbb{R}^q)$. 对 f^+ 和 f^- 利用式 (4.16), 得到

$$\int_{\mathbb{R}^p} \left(\int_{\mathbb{R}^q} f^+(x, y)\,\mathrm{d}y \right) \mathrm{d}x = \int_{\mathbb{R}^p \times \mathbb{R}^q} f^+(x, y)\,\mathrm{d}x\mathrm{d}y < +\infty\,. \quad (4.17)$$

$$\int_{\mathbb{R}^p} \left(\int_{\mathbb{R}^q} f^-(x, y)\,\mathrm{d}y \right) \mathrm{d}x = \int_{\mathbb{R}^p \times \mathbb{R}^q} f^-(x, y)\,\mathrm{d}x\mathrm{d}y < +\infty\,. \quad (4.18)$$

因此 $\int_{\mathbb{R}^q} f^+(x, y)\,\mathrm{d}y < +\infty$ a.e. $x \in \mathbb{R}^p$, $\int_{\mathbb{R}^q} f^-(x, y)\,\mathrm{d}y < +\infty$ a.e. $x \in \mathbb{R}^p$. 这表明对几乎处处的 $x \in \mathbb{R}^p$, $f^+(x, \cdot), f^-(x, \cdot) \in L(\mathbb{R}^q)$. 从而 $f(x, \cdot) \in L(\mathbb{R}^q)$. 由于

$$g(x) = \int_{\mathbb{R}^q} f(x, y)\,\mathrm{d}y = \int_{\mathbb{R}^q} f^+(x, y)\,\mathrm{d}y - \int_{\mathbb{R}^q} f^-(x, y)\,\mathrm{d}y\,,$$

而式（4.17）和式（4.18）两式表明上式右端的两个函数都是在 $\mathbb{R}^p$ 上可积的，从而 g 在 $\mathbb{R}^p$ 上可积．将式（4.17）和式（4.18）两式相减即知

$$\int_{\mathbb{R}^p \times \mathbb{R}^q} f(x, y)\, \mathrm{d}x\mathrm{d}y = \int_{\mathbb{R}^p} \left(\int_{\mathbb{R}^q} f(x, y)\, \mathrm{d}y \right) \mathrm{d}x \ . \ \blacksquare$$

由于对称性，在定理 4.21 中，交换 x 与 y 的位置，所得结论仍然成立．因此，在定理 4.21 的条件下，有

$$\int_{\mathbb{R}^p \times \mathbb{R}^q} f(x, y)\, \mathrm{d}x\mathrm{d}y = \int_{\mathbb{R}^p} \mathrm{d}x \int_{\mathbb{R}^q} f(x, y)\, \mathrm{d}y = \int_{\mathbb{R}^q} \mathrm{d}y \int_{\mathbb{R}^p} f(x, y)\, \mathrm{d}x \ .$$

若 I 和 J 分别是 $\mathbb{R}^n$ 和 $\mathbb{R}^q$ 中的方体，则有 $|I \times J| = |I| \cdot |J|$．下面的定理表明将 I 和 J 分别换为 $\mathbb{R}^p$ 和 $\mathbb{R}^q$ 中一般的可测集，成立类似的结果．

定理 4.22　若 A 和 B 分别是 $\mathbb{R}^p$ 和 $\mathbb{R}^q$ 中的可测集，则 $A \times B$ 是 $\mathbb{R}^p \times \mathbb{R}^q$ 中的可测集，并且成立

$$m(A \times B) = m(A) \cdot m(B) \ .$$

证明　先证可测性．根据定理 2.8，存在 F_σ 型集 $F = \bigcup_{n=1}^{\infty} F_n \subseteq A$，使得 $m(A \setminus F) = 0$．故 A 可以表示为

$$A = \left(\bigcup_{n=1}^{\infty} F_n \right) \cup E \ ,$$

其中每个 F_n 是闭集，$E = A \setminus F$ 是零测度集合．由于每个闭集可以表示为一列有界闭集的并集，故不妨设 $A = \bigcup_{i=1}^{\infty} A_i$，其中 A_i 是有界闭集或零测度集合．同样，B 也可以类似地表示为 $B = \bigcup_{j=1}^{\infty} B_j$．于是

$$A \times B = \bigcup_{i, j=1}^{\infty} (A_i \times B_j) \ .$$

因此只需要考虑以下三种情况：

（1）A 和 B 都是闭集，此时 $A \times B$ 是 $\mathbb{R}^p \times \mathbb{R}^q$ 中的闭集，因而是可测集．

（2）A 和 B 中有一个是零测度集合，一个是有界闭集．不妨设 $m(A)=0$．则对任意 $\varepsilon>0$，存在 $\mathbb{R}^p$ 中的有界开方体列 $\{I_k\}$ 和 $\mathbb{R}^q$ 中的有界开方体列 $\{J_i\}$，使得

$$A \subseteq \bigcup_{k=1}^{\infty} I_k, \ \sum_{k=1}^{\infty}|I_k|<\varepsilon,$$

$$B \subseteq \bigcup_{i=1}^{\infty} J_i, \ \sum_{i=1}^{\infty}|J_i|<m(B)+\varepsilon<+\infty.$$

则 $\{I_k \times J_i\}$ 是 $A\times B$ 的一个有界开方体覆盖．于是

$$m^*(A \times B) \leqslant \sum_{k=1}^{\infty}\sum_{i=1}^{\infty}|I_k \times J_i| = \sum_{k=1}^{\infty}\sum_{i=1}^{\infty}|I_k| \cdot |J_i|$$

$$= \sum_{k=1}^{\infty}|I_k| \cdot \sum_{i=1}^{\infty}|J_i| < \varepsilon \cdot \sum_{i=1}^{\infty}|J_i|.$$

由 ε 的任意性得到 $m^*(A\times B)=0$．故此时 $A\times B$ 也是 $\mathbb{R}^p \times \mathbb{R}^q$ 中的可测集．

（3）A 和 B 都是零测度集合．则对任意 $\varepsilon>0$，存在 $\mathbb{R}^p$ 中的有界开方体列 $\{I_k\}$ 和 $\mathbb{R}^q$ 中的有界开方体列 $\{J_i\}$，使得

$$A \subseteq \bigcup_{k=1}^{\infty} I_k, \ \sum_{k=1}^{\infty}|I_k|<\varepsilon,$$

$$B \subseteq \bigcup_{i=1}^{\infty} J_i, \ \sum_{i=1}^{\infty}|J_i|<\varepsilon.$$

则 $\{I_k \times J_i\}$ 是 $A\times B$ 的一个有界开方体覆盖．于是

$$m^*(A \times B) \leqslant \sum_{k=1}^{\infty}\sum_{i=1}^{\infty}|I_k \times J_i| = \sum_{k=1}^{\infty}\sum_{i=1}^{\infty}|I_k| \cdot |J_i|$$

$$= \sum_{k=1}^{\infty}|I_k| \cdot \sum_{i=1}^{\infty}|J_i| < \varepsilon^2.$$

由 ε 的任意性得到 $m^*(A\times B)=0$．故此时 $A\times B$ 也是 $\mathbb{R}^p \times \mathbb{R}^q$ 中的可测集．

综上所证，$A\times B$ 是 $\mathbb{R}^p \times \mathbb{R}^q$ 中的可测集．利用定理 4.21 得到

$$m(A \times B) = \int_{\mathbb{R}^p \times \mathbb{R}^q} \chi_{A \times B}(x, y)\, dxdy = \left(\int_{\mathbb{R}^p} \chi_A(x)\, dx \right) \cdot \left(\int_{\mathbb{R}^q} \chi_B(y)\, dy \right)$$
$$= m(A) \cdot m(B).$$

定理证毕 . ■

下面的推论 4.3 给出了 Fubini 定理更一般的形式 .

推论 4.3 设 A 和 B 分别是 $\mathbb{R}^p$ 和 $\mathbb{R}^q$ 中的可测集 . 若 f 是 $A \times B$ 上的非负可测函数或可积函数，则

$$\int_{A \times B} f(x, y)\, dxdy = \int_A dx \int_B f(x, y)\, dy = \int_B dy \int_A f(x, y)\, dx . \tag{4.19}$$

证明 根据定理 4.22，$A \times B$ 是 $\mathbb{R}^p \times \mathbb{R}^q$ 中的可测集，对 $f \cdot \chi_{A \times B}$ 应用定理 4.21 即得式（4.19）. ■

在 Fubini 定理中，f 在乘积空间上可积这个条件往往不易验证 . 下面的推论中的条件容易验证，因而常常用到 .

推论 4.4 设 A 和 B 分别是 $\mathbb{R}^p$ 和 $\mathbb{R}^q$ 中的可测集，f 是 $A \times B$ 上的可测函数 . 若以下两式中至少有一个成立

$$\int_A dx \int_B |f(x, y)|\, dy < +\infty, \quad \int_B dy \int_A |f(x, y)|\, dx < +\infty .$$

则

$$\int_{A \times B} f(x, y)\, dxdy = \int_A dx \int_B f(x, y)\, dy = \int_B dy \int_A f(x, y)\, dx . \tag{4.20}$$

证明 不妨设 $\int_A dx \int_B |f(x, y)|\, dy < +\infty$. 由推论 4.3，我们有

$$\int_{A \times B} |f(x, y)|\, dxdy = \int_A dx \int_B |f(x, y)|\, dy < +\infty .$$

这表明 f 在 $A \times B$ 上可积 . 再次应用推论 4.3 即知式（4.20）成立 . ■

例 1 计算 $I = \int_{(0, +\infty)} \dfrac{\sin x}{x} (e^{-ax} - e^{-bx})\, dx\ (0 < a < b)$.

解 由计算知道

$$\int_{(0,+\infty)} \frac{\sin x}{x}(e^{-ax} - e^{-bx}) \, dx = \int_{(0,+\infty)} dx \int_{[a,b]} e^{-xy} \sin x \, dy .$$

由于

$$\int_{[a,b]} dy \int_{(0,+\infty)} \left| e^{-xy} \sin x \right| dx \leqslant \int_{[a,b]} dy \int_{(0,+\infty)} e^{-xy} \, dx = \int_{[a,b]} \frac{1}{y} \, dy = \ln \frac{b}{a} < +\infty ,$$

由推论 4.4，得到

$$I = \int_{(0,+\infty)} dx \int_{[a,b]} e^{-xy} \sin x \, dy = \int_{[a,b]} dy \int_{(0,+\infty)} e^{-xy} \sin x \, dx$$

$$= \int_{[a,b]} \frac{1}{1+y^2} \, dy = \arctan b - \arctan a.$$

∎

例 2　计算 $I = \int_{[0,+\infty)} e^{-x^2} \, dx$.

解　由于 $f(x,y) = y e^{-(1+x^2)y^2}$ 是 $[0,+\infty) \times [0,+\infty)$ 上的非负可测函数，利用定理 4.21 得到

$$\int_{[0,+\infty)} dx \int_{[0,+\infty)} y e^{-(1+x^2)y^2} \, dy = \int_{[0,+\infty)} dy \int_{[0,+\infty)} y e^{-(1+x^2)y^2} \, dx .$$

经直接计算，我们有

$$\int_{[0,+\infty)} dx \int_{[0,+\infty)} y e^{-(1+x^2)y^2} \, dy = \frac{1}{2} \int_{[0,+\infty)} \frac{1}{1+x^2} \, dx = \frac{\pi}{4} .$$

另一方面

$$\int_{[0,+\infty)} dy \int_{[0,+\infty)} y e^{-(1+x^2)y^2} \, dx = \int_{[0,+\infty)} e^{-y^2} \left(\int_{[0,+\infty)} y e^{-x^2 y^2} \, dx \right) dy$$

$$= \left(\int_{[0,+\infty)} e^{-x^2} \, dx \right) \cdot \left(\int_{[0,+\infty)} e^{-y^2} \, dy \right) = \left(\int_{[0,+\infty)} e^{-x^2} \, dx \right)^2 .$$

因此 $\int_{[0,+\infty)} e^{-x^2} \, dx = \frac{\sqrt{\pi}}{2}$. ∎

习题 4.4

1. 计算 $I = \int_{(0,+\infty)} (\mathrm{e}^{-ax^2} - \mathrm{e}^{-bx^2}) \dfrac{1}{x} \, \mathrm{d}x \; (0 < a < b)$.（提示：由计算知道 $I = \int_{(0,+\infty)} \mathrm{d}x \int_{[a,b]} x \mathrm{e}^{-x^2 y} \, \mathrm{d}y$ ，再利用 Fubini 定理）

2. 设 f 在 $[0,1] \times [0,1]$ 上可积．证明

$$\int_{[0,1]} \mathrm{d}x \int_{[0,x]} f(x,y) \, \mathrm{d}y = \int_{[0,1]} \mathrm{d}y \int_{[y,1]} f(x,y) \, \mathrm{d}x .$$

（提示：令 $A = \{(x,y) : 0 \leqslant x \leqslant 1, 0 \leqslant y \leqslant x\}$，则 A 是 $\mathbb{R}^2$ 中的可测集．于是 χ_A 是 $\mathbb{R}^2$ 上的可测函数．当 $(x,y) \in [0,1] \times [0,1]$ 时，$\chi_{[0,x]}(y) = \chi_A(x,y) = \chi_{[y,1]}(x)$ ．

因此 $g(x,y) = \chi_{[0,x]}(y)$ 是 $\mathbb{R}^2$ 上的可测函数．对函数 $f(x,y)\chi_{[0,x]}(y)$ 利用 Fubini 定理）

3. 设 $f \in L((0,a]) \, (0 < a < +\infty)$ ．令 $g(x) = \int_{[x,a]} \dfrac{f(t)}{t} \, \mathrm{d}t \; (0 < x \leqslant a)$，证明 $g \in L((0,a])$ ，并且 $\int_{(0,a]} g(x) \, \mathrm{d}x = \int_{(0,a]} f(x) \, \mathrm{d}x$ ．

（提示：注意 $g(x) = \int_{(0,a]} \dfrac{f(t)}{t} \chi_{[x,a]}(t) \, \mathrm{d}t$ ．由于

$$\int_{(0,a]} |g(x)| \, \mathrm{d}x \leqslant \int_{(0,a]} \mathrm{d}x \int_{(0,a]} \left| \dfrac{f(t)}{t} \chi_{[x,a]}(t) \right| \mathrm{d}t$$

$$= \int_{(0,a]} \mathrm{d}t \int_{(0,a]} \dfrac{|f(t)|}{t} \chi_{(0,t]}(x) \, \mathrm{d}x$$

$$= \int_{(0,a]} |f(t)| \, \mathrm{d}t < +\infty.$$

因此 $g \in L((0,a])$ ．而且上式的最后一个等式说明可以对函数 $\dfrac{f(t)}{t} \chi_{(0,t]}(x)$ 利用 Fubini 定理）

4. 设 f, g 是 E 上的非负可测函数. 令

$$\varphi(t) = \int_{\{z \in E : g(z) \geqslant t\}} f(x) \, dx \, (t \geqslant 0) \, .$$

证明

$$\int_E f(x) g(x) \, dx = \int_{[0, +\infty)} \varphi(t) \, dt \, .$$

（提示：注意 $\varphi(t) = \int_E f(x) \chi_{\{z \in E : g(z) \geqslant t\}}(x) \, dx$. 当 $t \geqslant 0$ 时

$$\chi_{\{z \in E : g(z) \geqslant t\}}(x) = \chi_{[0, g(x)]}(t) \, ,$$

对函数 $f(x) \chi_{[0, g(x)]}(t)$ 利用 Fubini 定理）

参考文献

［1］Cohn D L. Measure Theory［M］. Boston：Birkhauser，1980.

［2］Royden H L. Real Analysis. New York：Macmillan Publishing Company，1988.

［3］Rudin W. Real and Complex Analysis.Third edition［M］. New York：Mcgraw-Hill，1986.

［4］周民强.实变函数论［M］.北京：北京大学出版社，2001.

［5］夏道行，吴卓人，严绍家，等.实变函数论与泛函分析［M］.北京：高等教育出版社，2010.

［6］侯友良，王茂发.实变函数论［M］.2版.武汉：武汉大学出版社，2017.

［7］程其襄，张奠宙，胡着文，等.实变函数与泛函分析基础［M］.4版.北京：高等教育出版社，2019.